Measure, Probability,
Lebesgue Integral

# 測度・確率・ルベーグ積分

## 応用への最短コース

Keisuke Hara
原 啓介

講談社

# まえがき

本書の目的は，測度論というかなり高度な数学分野の内容を解説することですが，数学の専門家やそれを目指す人々ではなく，「確率」を扱うために道具として測度論が必要になる人々を対象としています．

多くの人は，確率論は数学の中で厳密さにやや劣る分野だと思っているのではないでしょうか．実際，「確率」は中学生や高校生の数学の教科書に登場するものの，その扱いはあまり数学的ではない印象を持たざるをえません．おかげで中学や高校では数学が得意な人ほど確率を軽視し，あとで必要になったときには学習が難しいと感じる傾向があるようです．しかし実際は，確率論は厳密かつ純粋な論理を通して定義され，展開されている学問です．では，どうして学習が困難なのでしょうか．

思うに問題は 2 つあります．第 1 に，「確率」が非常に根本的で，特に自然科学を学び研究する人全員にとって重要であること，そして第 2 に，確率論の基礎づけに必要な，測度論（ルベーグ積分論）が比較的新しく高度な数学分野であることです．前者のゆえに，中学や高校の教科書に含めざるをえないほど重要なのに，後者のゆえに，早い段階では必要な数学的道具を十分に説明できない．

たとえば情報科学の分野は，そもそもシャノンの情報理論のように確率と密接な関係があります．さらに最近では，機械学習の分野の急速な発展から，高度な確率論や統計学を用いる場面が多くなっています．しかも，計算機に実装する段階では有限の世界に落とし込むとはいえ，アルゴリズム上は確率分布の上の確率や，連続な確率過程に値をとる確率過程など，直観に基づく確率論を越える内容が増えています．

あなたは機械学習に興味があり，深層学習の論文を読んでいるとしましょう．あなたは，ふと，おかしなことに気づきます．たとえば，条件つき期待値の期待値をとるとはどういうことなのか？

このように，論文のいたるところで確率論の概念が自由自在に使われているにも関わらず，その概念を論理的には理解していないことにあなたは気づきます．これでは，内容を正しく理解できず，正しく実装できず，ましてや研究に値することはできそうもない．「口耳四寸（こうじしすん）の学」ではなくて，きちんと理解しなくては．そして，あなたは数学が得意な友人に質問して，驚くべきことを聞かされます．

彼女がいうには，条件つき期待値の概念は，ルベーグ積分論のラドン–ニコディムの定理と同等であり，中でも高度なトピックに属する．数学科でも解析系の学生が高回生になって習うのだ，と．そして，あなたは書店で「ルベーグ積分論」と題された教科書を探して，しばらく拾い読みしたあと，途方に暮れることになります．

本書の目的はまさにこういう方々を対象に，測度論的な確率論の内容をできるだけやさしく，コンパクトに解説することです．特に，確率論を「道具として」使うために参照されることを意識しています．逆に，数学の専門家のための教科書であることは意図していません．そのため，定義や定理は明確に述べますが，定理の証明はその概念の理解に必要なとき以外は省略しています．それ以上を求める読者も，一度，本書で測度論の基本概念やストーリィを理解すれば，参考文献に挙げたような専門的な教科書で，詳しいトピックや細かい証明などを学ぶことが容易になるはずです．

本書の構成は以下のようになっています．まず，第 0 章は動機づけとして，確率を扱うためになぜ測度論が必要なのかを，19 世紀に活躍したルイス・キャロルの考えた問題を題材に説明します．「不思議の国のアリス」で有名な作家の表の顔は数学の講師でした．彼は確率の問題をいくつか考え，発表していますが，現代的な考え方からすれば，見当違いや間違った議論が多々みられます．確率論が厳密に数学化されたのは，20 世紀に入ってからなのです．

第 1 章と第 2 章では，確率と期待値を定義します．これは測度論や積分論の文脈でいえば，（有限）測度の構成とルベーグ積分の定義に相当します．確率論の視点からすると，考えたい確率の問題を数学的に正しくセットアップするための基盤作りです．

第 3 章では収束と極限についておさらいします．この内容は通常，微分積分学の講義の冒頭で扱うものですが，第 4 章での収束定理の議論，第 6 章での関数空間の幾何学的な扱いに向けての準備になるでしょう．

第 4 章では，収束定理やフビニの定理などをまとめます．数学者にとってもしばしば，測度論や積分論は退屈なものですが，その御利益は甚大です．この章の目的は，そのような御利益の紹介です．

第 5 章では，条件つき期待値と条件つき確率を定義し，その性質を解説します．これは積分論でいえばラドン-ニコディムの定理に相当します．

第 6 章では，積分に関する基本的な不等式についてまとめます．不等式は解析学の核心であり，必須のテクニックです．また，関数のなす空間を幾何学的に調べる関数解析学の分野への簡単な入門にもなっています．

第 7 章では，確率論を道具として使うとき最低限必要とされる知識として，確率論の基本的な結果や，大数の法則や中心極限定理などを整理します．

確率論は豊かで広大な世界です．しかし，本書で最初のステップとして必要な部分はカバーできたのではないか，と自負しています．皆さんがこの出発点から，確率論を単なる道具としてみるのみではなく，その豊穣な世界へと歩み出してくだされば，なお嬉しく，光栄に思います．

2017 年 小石川にて

原 啓介

# 記号表

| 記　号 | 説　明 | 例 |
|---|---|---|
| $\mathbb{N}$ | 自然数全体の集合 | |
| $\mathbb{Q}$ | 有理数全体の集合 | |
| $\mathbb{R}$ | 実数全体の集合 | |
| $\mathbb{C}$ | 複素数全体の集合 | |
| $[\cdot,\cdot]$ | 閉区間 | $[0,1]=\{x\in\mathbb{R}:0\leq x\leq 1\}$ |
| $(\cdot,\cdot)$ | 開区間 | $(0,1)=\{x\in\mathbb{R}:0<x<1\}$ |
| $[\cdot,\cdot)$, $(\cdot,\cdot]$ | 半開半閉区間 | $[0,1)=\{x\in\mathbb{R}:0\leq x<1\}$ |
| $\infty$ | 無限大 | 0 以上の実数もしくは無限大の集合 $[0,\infty]$ |
| $e$ | 自然対数の底 $(e=2.71828\cdots)$ | 指数関数 $\exp(x)=e^x$ |
| $\pi$ | 円周率 $(\pi=3.14159\cdots)$ | |
| $i$ | 虚数単位 | $e^{\pi i}+1=0$ |
| $x\in S$ | $x$ は集合 $S$ に属する（$S$ の元（要素）である） | $3\in\{1,2,3\}$ |
| $\emptyset$ | 空集合 | $\emptyset=\{\}$ |
| $A^c$ | 集合 $A$ の補集合 | |
| $\cup$ | 和集合 | $A\cup B$, $\bigcup_{n=1}^{\infty}A_n$ |
| $\sqcup$ | 非交差的な集合の和集合 | $A\sqcup B$, $\bigsqcup_{n=1}^{\infty}A_n$ |
| $\cap$ | 積集合 (共通集合，共通部分) | $A\cap B$, $\bigcap_{n=1}^{\infty}A_n$ |
| $A\backslash B$ | 集合 $A$ と $B$ の差集合 | $[-1,1]\backslash[-1,0]=(0,1]$ |
| $2^X$ | 集合 $X$ のすべての部分集合からなる集合 (族) | |
| $\times$ | 集合または $\sigma$-加法族または測度の直積 | 確率空間 $(X\times Y,\mathcal{F}\times\mathcal{G},\mu\times\nu)$ |
| $\mathbf{1}_B(x)$ | 集合 $B$ の定義関数 | $\mathbf{1}_\emptyset(x)$ は常に 0 |
| $(S,\mathcal{M},\mu)$ | 測度空間 | |
| $(\Omega,\mathcal{F},P)$ | 確率空間 | |
| $P(\cdot)$ | 確率 | 事象 $A$ の確率 $P(A)$ |
| $E[\cdot]$ | 期待値 | 確率変数 $X$ の期待値 $E[X]$ |
| $V[\cdot]$ | 分散 | 確率変数 $X$ の分散 $V[X]$ |
| $\int_S\cdots\mu(dx)$ | (空間 $S$ 上の，測度 $\mu$ による) 積分 | $\int_\Omega f(\omega)P(d\omega)$ |
| $\int_B\cdots\mu(dx)$ | 集合 $B$ 上に制限した (測度 $\mu$ による) 積分 | $\int_B f(\omega)P(d\omega)=\int_\Omega \mathbf{1}_B(\omega)f(\omega)P(d\omega)$ |
| $E[\cdot;B]$ | 事象 $B$ 上での期待値 | $E[X;B]=\int_\Omega\mathbf{1}_B(\omega)X(\omega)P(d\omega)$ |
| $E[\cdot\vert B]$ | 事象 (または $\sigma$-加法族または確率変数)$B$ による条件つき期待値 | |

| | | |
|---|---|---|
| $P[\cdot\|B]$ | 事象 (または $\sigma$-加法族または確率変数)$B$ による条件つき確率 | |
| $\{x_\alpha\}_{\alpha\in\Lambda}$ | 添え字づけられた数，関数などの集合 (数列，関数列，集合) | $\{a_n\}_{n\in\mathbb{N}}$ |
| $\max X$ | 集合，数列，関数列の最大値 | $\max[0,1]=1$ |
| $\min X$ | 集合，数列，関数列の最小値 | $\min[0,1]=0$ |
| $\sup X$ | 集合，数列，関数列の上限 | $\sup(0,1)=1$ |
| $\inf X$ | 集合，数列，関数列の下限 | $\inf(0,1)=0$ |
| $\lim_{n\to\infty}$ | 数列，関数列，集合列などの $n\to\infty$ での極限 | $\lim_{n\to\infty} a_n$ |
| $\limsup_{n\to\infty}$ | 数列または関数列の $n\to\infty$ での上極限 | $\limsup_{n\to\infty} f_n$ |
| $\liminf_{n\to\infty}$ | 数列または関数列の $n\to\infty$ での下極限 | $\liminf_{n\to\infty} f_n$ |
| $\\|f\\|_p$ | 関数 $f$ の $L^p$ ノルム | $\\|f\\|_p=\left\{\int \|f\|^p\, d\mu\right\}^{1/p}$ |

# ギリシア文字

| 大文字 | 小文字 | 読み |
|---|---|---|
| $\mathrm{A}$ | $\alpha$ | アルファ |
| $\mathrm{B}$ | $\beta$ | ベータ |
| $\Gamma$ | $\gamma$ | ガンマ |
| $\Delta$ | $\delta$ | デルタ |
| $\mathrm{E}$ | $\varepsilon$, $\epsilon$ | イプシロン |
| $\mathrm{Z}$ | $\zeta$ | ゼータ |
| $\mathrm{H}$ | $\eta$ | エータ，イータ |
| $\Theta$ | $\theta$, $\vartheta$ | シータ |
| $\mathrm{I}$ | $\iota$ | イオタ |
| $\mathrm{K}$ | $\kappa$ | カッパ |
| $\Lambda$ | $\lambda$ | ラムダ |
| $\mathrm{M}$ | $\mu$ | ミュー |

| 大文字 | 小文字 | 読み |
|---|---|---|
| $\mathrm{N}$ | $\nu$ | ニュー |
| $\Xi$ | $\xi$ | クシー，グザイ |
| $\mathrm{O}$ | $o$ | オミクロン |
| $\Pi$ | $\pi$ | パイ |
| $\mathrm{P}$ | $\rho$ | ロー |
| $\Sigma$ | $\sigma$ | シグマ |
| $\mathrm{T}$ | $\tau$ | タウ |
| $\Upsilon$ | $\upsilon$ | ウプシロン |
| $\Phi$ | $\phi$, $\varphi$ | フィー，ファイ |
| $\mathrm{X}$ | $\chi$ | カイ |
| $\Psi$ | $\psi$ | プシー，プサイ |
| $\Omega$ | $\omega$ | オメガ |

# 目　次

第 0 章

# 確率になぜ測度論が必要なのか — ルイス・キャロルの悩み

この章では現代的な確率論への動機づけとして，測度論以前の時代の確率の考え方の問題点について，例を挙げて説明する．紹介する問題は「不思議の国のアリス」で有名なルイス・キャロルによって議論されたものである．

キャロルが活躍したのは 19 世紀末なので，そう昔の話ではない．実際，測度論によって確率論が整備されたのは 20 世紀に入ってからであり，それまでの確率に関する議論は時に怪しげなものだった．

## 0.1 “Pillow Problems” より

ルイス・キャロル (Lewis Carroll) こと，C.L. ドジソン (Dodgson, C.L., 1832–1898) は，オックスフォード大学のクライスト・チャーチ校で数学の講師をしていました．本名のドジソン名義では初等幾何，代数，論理学などの分野で活動していますが，専門的な数学者とまではいえないかも知れません．とはいえ，当時の数学の最先端の知識に触れる機会もあったでしょう．

キャロルは眠れない夜に娯楽として寝床で考えた数学の問題をまとめ，“Pillow Problems” (1893)[1] と題して出版しています．

同書には確率に関する問題も多く含まれています．ほとんどは「袋の中の黒い玉と白い玉」式のやさしい問題ですが，現代的な立場からすれば奇妙な問題と答も散見されます．たとえば以下の問題です．

**問題 0.1　「問題集」より第 45 番**

無限個の棒を折ったとき，少なくとも 1 本は真ん中で折れている確率を求めよ．

1) 複数の翻訳が出版されているがいずれも入手困難．細井 [16] の中に翻訳，解説されているものが薦められる．

この問題に対するキャロルの「答」は $1 - 1/e$ で（$e$ は自然対数の底 $e = 2.71828\cdots$），その説明は以下の離散近似です．

> 棒それぞれはその $n$ 分点でのみ折れて（ただし $n$ は奇数），折れやすさはどこも等しいとする．このとき，ある棒が真ん中以外で折れる確率は，$1 - 1/n$ だから，$n$ 本全部が真ん中以外で折れる確率は $(1 - 1/n)^n$ である．この $n$ 無限大での極限は $1/e$ なので，少なくとも 1 本は真ん中で折れる確率は $1 - 1/e$ である．

ある程度は納得できる論法ですが，よく考えれば，この値は分点と棒の数をあわせて極限をとるからこそであり，この「スケーリング」を変えればどんな値にでも調整可能です．そもそも極限の議論に意味があるのか，よくわかりません．

我々は無限の世界を直接には扱えないので，大抵，有限世界による近似を考えることになります．しかし，どんな近似がふさわしいのか，その極限が無限の世界で正しく意味を持つのか，といった難しい問題がともないます．これを解決するには考える対象を，この場合には「確率」の概念を，極限の議論に耐えるほど精密に定義しなければなりません．

無限での「確率」の落とし穴は，たとえば，以下の問題にも現れます．

**問題 0.2　「問題集」より第 58 番**

無限平面上に 3 つの点をランダムに選ぶ．これらのなす三角形が鈍角三角形である確率を求めよ．

この問題のキャロルの「答」は $\dfrac{3}{8 - \frac{6\sqrt{3}}{\pi}}$ で，その論法は以下のようなものです．

> 三角形の一番長い辺を AB，残りの頂点を X と呼ぶ．辺 AB を直径とするように，三角形がある側に半円を描く．また，その辺の両端それぞれを中心として，辺を半径とする円を描き，三角形のある側の交点を C とする（ABC はもちろん正三角形）．AB は一番長い辺だから，頂点 X は AB，弧 AC，弧 BC に囲まれる図形の中にある．三角形 ABX が鈍角三角形になるのは，最初に描いた半円の中に X があるときで，鋭角三角形になるの

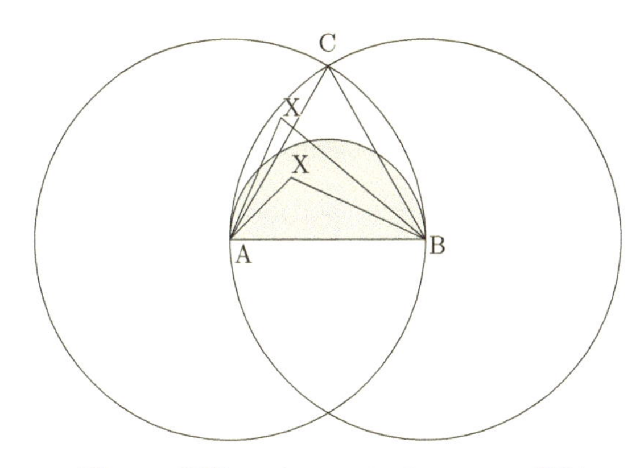


**図 0.1** 問題 0.2 についてのキャロルの「答」

は半円の外にあるときである．よって，答はこの面積の比に等しい（残りは初等幾何の計算）．

巧妙な「答」ではありますが，これもナンセンスです．その理由は，「無限平面上に点をランダムに選ぶ」ことの意味が不明なことです．題意としては，一様に，つまり「どこも平等に」選ぶのでしょうが，そのようなことは可能でしょうか．

どこも平等に 1 点を選ぶ以上，ある単位正方形にその点が含まれる確率と，また別の場所にある単位正方形に含まれる確率は等しいはずです．また，そのどちらかに含まれる確率は，2 つの正方形に重なりがなければ，それぞれに含まれる確率の和のはずです．しかし，無限平面を無限個の単位正方形で敷き詰めれば，1 つの正方形に含まれる確率が 0 でない限り，平面のどこかに 1 点を選ぶ確率が無限大になってしまいます．全体の確率は 100% つまり 1 でなくてはならないので，これは矛盾です．無限平面上に一様な確率を定義することはできないのです．

つまり，我々が直観的に思っているほどには，どこにでも確率を定義できるわけではない．確率には持つべき性質があり，その性質を守るように理論を組み立てないと矛盾が生じ，どんな答でも導けてしまいます．

上の「答」は，一様な確率が存在しない全平面を，ある種の対称性で割ることで，有限図形の中の一様な確率に持ち込んでいます．その対称性のもっともらしさだけが頼りの危うい議論です．正しくは，一様でない確率を導入するか，有限の範囲で近似して極限をとることが考えられますが，どちらにしても急に難しくなりますし，その妥当性が問題です．

次は「問題集」の最後を飾る，非常に奇妙な確率の問題です．

**問題 0.3　「問題集」より第 72 番**

袋に 2 つの小石が入っていて，各々，黒石か白石であることがわかっている．袋から取り出すことなく，それらの色を確定せよ．

もちろん，そんなことはできっこありません．しかし，キャロルは驚くべき「答」を出します．なんと答は，「黒石と白石」だというのです．

> 袋の中に 3 つの小石があり，2 つが黒石で 1 つが白石であるとき，黒石をひく確率は 2/3 であり，このほかのいかなる状態もこれと同じ確率を与えないことに注意しておく．
>
> 問題の袋の中身が，$(\alpha)$ 黒黒，$(\beta)$ 黒白，$(\gamma)$ 白白である確率は，それぞれ $1/4, 1/2, 1/4$ である．
>
> ここに黒石 1 つを加えると，袋の中身が，$(\alpha)$ 黒黒黒，$(\beta)$ 黒白黒，$(\gamma)$ 白白黒である確率は，上と同様に，それぞれ $1/4, 1/2, 1/4$ である．よって，いま黒石をひく確率は，
>
> $$\frac{1}{4}\cdot 1+\frac{1}{2}\cdot\frac{2}{3}+\frac{1}{4}\cdot\frac{1}{3}=\frac{2}{3}$$
>
> であり，いま袋の中身は黒黒白である．なぜなら，このほかのどんな状態もこの確率を与えないのだった．
>
> ゆえに，黒石 1 つを加える前は，袋の中身は黒白だったのであり，すなわち，1 つの黒石，1 つの白石が入っていた．

さすがにこれは一種のジョークでしょう．ポイントは，袋の中の 3 個の石から 1 つを取り出す確率と，3 個の石のうち 1 つは黒であるとわかっている場合の（条件つき）確率を，その問題設定も込めて混同していることです．

ここでの教訓は，確率とは状況や問題の設定など，その「舞台」も込めた概念であることです．その全体で，確率というものが満たすべき性質を記述し，論理を組み立てるべきなのです．

## 0.2 「無限小の確率」を巡る議論

1888 年，ルイス・キャロルは本名の C.L. ドジソン名義で，“Educational Times”[2] という雑誌に次の問題についての議論を投稿しました．

**問題 0.4**

与えられた直線上にでたらめに 1 点を選ぶとき，それが事前に指定した点と一致する確率はいくらか？

この問題は，先立つ 1885 年に同誌で出題され，この確率は「まったくの 0」か，「ある種の無限小」かの二派に分かれて誌上で議論が繰り広げられたようです．前者は，1 点は長さが 0 であるから確率も 0 であるべきで，少しでも確率があれば無限個集めると確率が 1 を越えてしまう，と主張しました．一方後者は，確率 0 をいくら集めても全体の確率 1 になりえない以上，0 でない値を持つべきで，それは「ある種の無限小」だと主張しました．そしてキャロル自身は後者に与（くみ）しました．そして今回は，自説を強化するため，さらに次の問題を提出したのです．

**問題 0.5**

与えられた線分にランダムに 1 点を選んだとき，この点が線分を

1. 同じ長さで割り切れるように，
2. 同じ長さで割り切れないように，

分ける確率はいくらか？

この問題のポイントは 2 つあります．第 1 に，「事前に指定した点」を無限個の点の集まりに拡張しました．「同じ長さで割り切れる」という言葉は不適切ですが，長さの比が有理数であることでしょう．現代的にいえば，$[0,1]$ 区間上の有理数の集合，無理数の集合を問題にしたのです．この 2 つの集合はどちらも無限集合でありながら，長さを持たないように思えます．

[2] “Educational Times”, vol. XLI, pp.245–247, (1 June 1888)

第2に，この2つの問いは対になっています．二分された長さの比は有理数か無理数かのどちらか一方，つまり，0 以上 1 以下の実数は有理数か無理数のどちらか一方なので，この2つの確率は何であれ和が 1 のはずです．

「0」派の議論では，どちらの確率も 0 とせざるをえないが，それでは合計が 1 にならないから矛盾だ，とキャロルはいいたかったようです．この問題にはさまざまな答が寄せられましたが，回答者もキャロルもその論旨は怪しげで混乱したものでした．

現代からすると，彼らの議論は的はずれで滑稽ではあります．しかし，この問題に正しく答えるには，「長さ」や「確率」に対する，徹底的な反省と注意深く複雑な論理の組み立てを必要とします．つまり，我々は事実上，測度論を構成せざるをえないのです．

ルベーグ (Lebesgue, H.L., 1875–1941) の積分論の登場と測度論による確率論の公理的基礎づけは 20 世紀に入ってからのことなので，19 世紀末にこの問題に正しく取り組むことは不可能だったのですが，流石というべきか，時代が熟し切っていたと考えるべきか，キャロルはいいところを突いています．直観に基づく「同様に確からしい」流の確率論では，乗り越えられない裂け目を指摘しているのです．

“Pillow Problems” から選んだ前節の 3 つの確率の問題についても，同様のことがいえます．振り返ると，無限での確率を極限で考えること，無限の世界での確率を考えること，舞台設定を込めた形で確率を定義することは，直観的な確率では捉え切れない問題です．これらを正しく扱うには，測度論が必要なのです．

# 第 1 章

# 確率と測度

この章では，測度論の立場から「確率」を定義する．結論からいえば，確率とは全体の測度が 1 であるような測度である．したがって，この章の目的は測度の概念を導入することである．

測度とは長さ，面積，体積のような概念を，徹底的な反省のもとに数学的に抽象化したものであり，確率もその仲間の 1 つということになる．

## 1.1 測度としての確率と確率空間

### 1.1.1 準備：集合とその記号について

かつて友人の数学者と「積分論」の講義の方法について議論したときに，彼が **「積分論は集合の簡単な計算だけで，すごいことがすっきりと導かれて面白い」** といっていたことが忘れられない．私自身は積分論を，複雑な議論をしたあげく当たり前のことを示す，つまらない科目だと思っていたのである．

この項では，まず集合とその記法について整理する．ほとんどは一般的な記号なので，集合に慣れている読者はこの項を飛ばしておいて，必要に応じて参照すればよい．

集合とは「もの」の集まりのことである．記号では「もの」たちを括弧 $\{\}$ で囲んで表す．たとえば，自然数 $1,2,3$ の集まりである集合 $A$ を $A=\{1,2,3\}$ と書く．

集合に含まれる「もの」を要素または元(げん)という．たとえば上の例について 2 は集合 $A$ の要素である，元である，2 は集合 $A$ に含まれる，属する，などといい，記号では $2 \in A$ と書く．逆に，集合の要素ではないことを記号 $\notin$ で書く．たとえば，上の例について，$0 \notin A$ である．

集合の元は数に限らない．たとえば集合でもよい．実際，測度論では，ある固定した集合の部分集合のなす集合を考える．特に，集合 $A$ の部分集合すべて

の集合を $A$ の冪（べき）集合といい，しばしば $2^A$ と書く[1]．集合の集合は元との関係がまぎらわしいので，しばしば集合族もしくは単に族という．

また特別な場合として，1つも要素を持たない集合も許される．これを空集合といい，$\emptyset$ の記号で書く．つまり，$\emptyset = \{\}$ である．

集合は，たとえば自然数全体や実数全体の集合のように，無限に多くの要素を含んでもよい．自然数全体の集合を $\mathbb{N}$ と書く．つまり $\mathbb{N} = \{1, 2, 3, \ldots\}$ である．また，整数全体を $\mathbb{Z}$, 有理数全体を $\mathbb{Q}$, 実数全体を $\mathbb{R}$, 複素数全体を $\mathbb{C}$ と書く．

同じ無限でも，以下の可算無限の概念は測度論にとって非常に重要である．

**定義 1.1　有限集合，可算無限集合，非可算無限集合**　有限個の要素を持つ集合を有限集合といい，無限に多くの要素を含む集合を無限集合という．

特に，自然数全体 $\mathbb{N}$ との間に 1 対 1 の対応がつけられる場合は可算無限集合，もしくは可算無限個の要素を持つ，可算（無限）であるなどという．$\mathbb{N}$ と 1 対 1 対応がつけられない場合は非可算無限集合，もしくは非可算無限の要素を持つ，非可算（無限）であるなどという．また，有限個もしくは可算無限個である場合はたかだか可算（個）であるなどという．

例を挙げると，整数全体 $\mathbb{Z}$ は $0, 1, -1, 2, -2, 3, -3, \ldots$ のように絶対値の小さい方から正負を交代に並べることで番号をつけられる．つまり自然数との間に 1 対 1 対応を作れるので可算無限集合である．また，有理数全体 $\mathbb{Q}$ も，既約分数の形に表示して，その分母と分子の絶対値の和の小さい方から順に数え上げられるので可算無限集合である．

一方，実数全体 $\mathbb{R}$ は非可算無限集合である．なぜならば，もし 0 以上 1 未満の実数すべてを一列に並べて表にできたとせよ．実数それぞれは無限に続く 2 進法の形で書く（正確には p.23 脚注 9 の事情を考慮する必要がある）．この表（図 1.1）の第 $n$ 番目の実数の小数点以下 $n$ 桁目の数字が 1 ならば 0，0 ならば 1 と第 $n$ 桁目の数字を定めた新しい実数は，この表の中に存在しないことになり，矛盾．同様に，複素数全体 $\mathbb{C}$ も非可算である．

---

[1] 集合 $A$ の各要素について部分集合の元として採用する/しないの 2 通りの選択がある，という直観的な見方を反映した記号である．

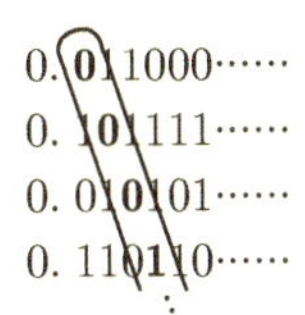


**図 1.1** 「対角線」に注目

また，可算無限集合の冪集合も非可算である．たとえば，$\mathbb{N}$ の部分集合全体 $2^{\mathbb{N}}$ と $\mathbb{N}$ の間に 1 対 1 対応 $f : \mathbb{N} \to 2^{\mathbb{N}}$ が存在したとせよ．$n \notin f(n)$ であるような $n$ からなる集合 $B$ を考えると，$f(m) = B$ である $m$ について，$m \in B$ であるための必要十分条件が $m \notin B$ になり，矛盾 2)．

上のように集合の要素を具体的に列挙するほかに，ある条件を満たすものの集まり，という形で集合を書けると便利である．たとえば，「自然数の要素の中で，3 以下であるようなもの」など．本書ではこれを “:” の記号で以下のように書く．

$$A = \{n \in \mathbb{N} : n \leq 3\}.$$

なお，文脈から明らかな場合には，省略記法として “:” 以下の条件だけを書くこともある．つまり上の例では，単に $A = \{n \leq 3\}$ と書く．

また，多くの要素を持つ集合を記述するもう 1 つの便利な方法は，要素に「添え字」をつけて添え字集合によってその範囲を書くことである．たとえば，集合 $\{a_1, a_2, a_3, \ldots\}$ を簡潔に $\{a_i\}_{i \in \mathbb{N}}$ と書くなど．ここで $i$ が添え字であり，その添え字が自然数全体に渡ることを添え字集合 $\mathbb{N}$ を用いて $i \in \mathbb{N}$ と表している．添え字集合は有限集合でも，可算無限集合つまり自然数全体でも，非可算無限集合であってもよい．添え字集合が明らかな場合には，$\{a_n\}$ のように省略して書くこともある．

集合の間の包含関係を以下のように定義する．

---

2) この証明は，直前の $\mathbb{R}$ が非可算であることの証明と本質的に同じ手法を用いている．この手法を対角線論法という．

**定義 1.2 包含関係** 2つの集合 $A, B$ に対して，集合 $A$ の要素がすべて $B$ の要素でもある場合，集合 $B$ は集合 $A$ を包含する（含む[3]），$A$ は $B$ の部分集合であるなどといい，$A \subset B$ と書く．

また，$A \subset B$ かつ $B \subset A$ であるときに，集合 $A, B$ は一致する（等しい）といって，$A = B$ と書く．そうでないとき，$A, B$ は一致しない（等しくない）といって，$A \neq B$ と書く．

上の定義より，$A \subset B$ は $A = B$ の場合を含んでいることに注意せよ．なお定義より，空集合は任意の集合の部分集合であり，任意の集合は自分自身の部分集合である．

次に2つの集合の間の演算を以下のように用意する．

**定義 1.3 和集合，積集合，差集合** 2つの集合 $A, B$ に対し，$A, B$ の少なくとも一方に含まれる要素の集合を $A$ と $B$ の和集合と呼び，$A \cup B$ と書く．

また，$A, B$ の両方に含まれる要素の集合を $A$ と $B$ の積集合（共通部分）と呼び，$A \cap B$ と書く．つまり，

$$A \cap B = \{x \in A : x \in B\} = \{x \in B : x \in A\}.$$

さらに，$A$ の要素であって $B$ の要素ではないものの集合を $A$ と $B$ の差集合といって，$A \backslash B$ と書く．つまり，

$$A \backslash B = \{x \in A : x \notin B\}.$$

差集合には順序があることに注意せよ．実際，$A = B$ でない限りは，$A \backslash B \neq B \backslash A$ である．

多くの場合，考えている集合をすべて部分集合として含むような集合が暗黙のうちに想定されている．これを全体集合という．全体集合があることを仮定して，以下の補集合を定義する．

---

[3] 要素であることと部分集合であることを，どちらも同じ「含む」の語で指すのは混乱のもとではある．しかし，日本語として自然ないい方なので本書では認めることにした．

**定義 1.4 補集合** （全体集合を $S$ とする.）集合 $A\,(\subset S)$ に対して，$A$ の要素ではない $S$ の要素全体の集合を $A$ の補集合といい，$A^c$ と書く．つまり，

$$A^c = S \backslash A = \{x \in S : x \notin A\}.$$

和集合，積集合，補集合の間に以下の関係が成り立つことは簡単に確認できる．

**定理 1.1 ド・モルガンの法則（2 集合の場合）** 任意の 2 集合 $A, B$ について，以下の 2 つの等式が成立する．

$$(A \cap B)^c = A^c \cup B^c, \quad (A \cup B)^c = A^c \cap B^c.$$

以上では 2 つだけの和集合と積集合を考えていたが，有限個もしくは無限個についても一般化できる．つまり，集合の集合 $\{A_\alpha\}_{\alpha \in \Lambda}$ について，添え字集合 $\Lambda$ が有限である場合（$\Lambda = \{1, 2, \ldots, n\}$ の場合など）も，可算無限である場合（$\Lambda = \mathbb{N}$ の場合など）も，非可算無限である場合（たとえば $\Lambda = \mathbb{R}$ の場合）でも同様に，以下のように定義する．

**定義 1.5 和集合と積集合（一般の場合）** $S$ を全体集合として，

$$\bigcup_{\lambda \in \Lambda} A_\lambda = \{x \in S : \text{ある } \lambda \in \Lambda \text{ について } x \in A_\lambda\},$$

$$\bigcap_{\lambda \in \Lambda} A_\lambda = \{x \in S : \text{すべての } \lambda \in \Lambda \text{ について } x \in A_\lambda\}.$$

特に添え字が有限個もしくは可算無限個の場合は，以下のような記号で書く．

$$\bigcup_{i=1}^{n} A_i, \quad \bigcup_{i=1}^{\infty} A_i, \quad \bigcap_{i=1}^{n} A_i, \quad \bigcap_{i=1}^{\infty} A_i.$$

2 つの集合に関するド・モルガンの法則は以下のように一般の集合（族）についても成立する．

**定理 1.2　ド・モルガンの法則**　有限もしくは無限の添え字集合 $\Lambda$ で添え字づけられた，任意の集合の族 $\{A_\lambda\}_{\lambda\in\Lambda}$ について以下が成り立つ．

$$\left(\bigcap_{\lambda\in\Lambda} A_\lambda\right)^c = \bigcup_{\lambda\in\Lambda} A_\lambda^c, \quad \left(\bigcup_{\lambda\in\Lambda} A_\lambda\right)^c = \bigcap_{\lambda\in\Lambda} A_\lambda^c.$$

確率論においては，しばしば以下の形の集合に興味を持つ．

$$\bigcap_{n=1}^{\infty}\bigcup_{i=n}^{\infty} A_i, \quad \bigcup_{n=1}^{\infty}\bigcap_{i=n}^{\infty} A_i.$$

前者は，どんな添え字番号 $n$ についても，そこから先のどこかの $i\,(\geq n)$ で $A_i$ に含まれるような要素の集合，つまり，無限個の $A_i$ に含まれる要素の集合であり，一方後者は，ある添え字番号 $n$ があって，そこから先のすべての $i\,(\geq n)$ で $A_i$ に含まれるような要素の集合である．前者の集合を $\limsup_{i\to\infty} A_i$，後者の集合を $\liminf_{i\to\infty} A_i$ と書く流儀もあるが[4]，本書では上のようにあらわに書く．

測度論の議論ではしばしば，和集合を重なりのない集合に分解する作業が鍵になる．たとえば，$A\cup B$ を

$$A\cup B = (A\backslash B)\cup(A\cap B)\cup(B\backslash A)$$

と書き直せば，右辺の括弧にくくられた3つの集合は互いに共通部分を持たない．このような議論のために，以下の概念と記号を準備しておく．

**定義 1.6　集合の直和**　集合の族 $\{A_\lambda\}_{\lambda\in\Lambda}$ が非交差的である，または共通部分を持たない[5]とは，任意の $\lambda,\lambda'\in\Lambda$ について，$\lambda\neq\lambda'$ ならば $A_\lambda\cap A_{\lambda'}=\emptyset$ となっていることである．

ある集合 $A$ が非交差的な集合族 $\{A_\lambda\}_{\lambda\in\Lambda}$ の和集合であるとき，$A$ は $\{A_\lambda\}_{\lambda\in\Lambda}$ の直和であるといい，以下の記号で書く．

$$A = \bigsqcup_{\lambda\in\Lambda} A_\lambda.$$

[4] もちろん，数列の上極限と下極限を意識した記号である．定義 3.5 参照．
[5] 排反である，互いに素であるなどともいう．

特に，集合族が有限個または可算無限個の集合からなるときは，それぞれ以下のように書く．

$$A = \bigsqcup_{i=1}^{n} A_i = A_1 \sqcup \cdots \sqcup A_n, \quad A = \bigsqcup_{i=1}^{\infty} A_i = A_1 \sqcup A_2 \sqcup \cdots.$$

### 1.1.2 σ-加法族と測度

確率とは何か．

この深遠な問題に対する完全な解答を我々は持っていないが，この問題から相当の部分を捨象した数学的定義としては，20 世紀に入ってコルモゴロフ (Kolmogorov, A.L., 1903–1987) によって与えられた，公理に基づく確率空間と確率の定義が，現状では理論と応用の両面で最も成功している．

本書の立場もこのコルモゴロフの定義による．すなわち確率とは，ある集合 $\Omega$ の部分集合の集合のうち，あるよい性質を持つ $\mathcal{F}$ から実数への，あるよい性質を持つ写像 $P$ のことであり，この三つ組 $(\Omega, \mathcal{F}, P)$ を一緒に考える．

この「よい性質」は公理の形で記述されるので，それを満たすものは（存在すれば）何であれ確率であり，確率とはそれ以上でも以下でもない．確率が存在するか，特に数学的に興味深い確率や，現実世界の「確率」をうまく説明する確率が存在するか，構成できるかは，定義とは別の問題である．

確率を定義するために，まず σ-加法族と測度を定義する．

**定義 1.7 σ-加法族，可測集合，可測空間** ある空でない集合 $S$ に対して，その部分集合の集合族 $\mathcal{M}$ が以下の性質を満たすとき，$\mathcal{M}$ は（$S$ 上の）σ-加法族であるという．

1. $\emptyset \in \mathcal{M}$ である．
2. $A \in \mathcal{M}$ ならば補集合 $A^c$ も $\mathcal{M}$ の元．つまり，$A^c \in \mathcal{M}$.
3. $n = 1, 2, \ldots$ に対し $A_n \in \mathcal{M}$ ならば，その和集合も $\mathcal{M}$ の元．つまり，

$$\bigcup_{n=1}^{\infty} A_n = A_1 \cup A_2 \cup \cdots \in \mathcal{M}.$$

また，$S$ の部分集合で $\sigma$-加法族 $\mathcal{M}$ に属するものを $\mathcal{M}$-可測集合である，もしくは $\mathcal{M}$-可測である，という（または，単に可測集合，可測であるなどともいう）．さらに，$(S, \mathcal{M})$ の対を可測空間と呼ぶ．

つまり，$\sigma$-加法族とは，空集合を元に持ち，その元の補集合と可算無限個の和集合もまた元であるような，集合族である．ここで可算無限個であることが重要である．非可算である場合は保証しない．なお，$\sigma$-加法族を，完全加法族，可算加法族，$\sigma$-集合代数，$\sigma$-集合体などと呼ぶこともある．

$S$ 上の $\sigma$-加法族は常に $S$ 自体を元に持つ．なぜなら，$S$ は $S$ 自身の部分集合であり，$S = \emptyset^c$ だから．

また，有限個の和集合 $A_1 \cup \cdots \cup A_n$ は空集合を使って，

$$A_1 \cup \cdots \cup A_n \cup \emptyset \cup \emptyset \cdots$$

と可算無限個の和集合の形に書けるから，$\sigma$-加法族は有限個の和集合の操作についても閉じている[6]．

補集合と可算個の和集合の操作について閉じていることから，積集合の操作 $\cap$ や差集合の操作 $\setminus$ についても閉じている．実際，

$$\bigcap_{n=1}^{\infty} A_n = \left( \bigcup_{n=1}^{\infty} A_n^c \right)^c, \quad A \cap B = (A^c \cup B^c)^c, \quad A \setminus B = A \cap B^c$$

などと確かめられる．よって，上の定義は単純過ぎるようにみえて，通常必要な（たかだか可算個についての）演算をすべて許す，十分に強力なものである．

同じ集合 $S$ の上に複数の $\sigma$-加法族を考えることがある．その場合，$\sigma$-加法族の間の包含関係を以下のように定義する．

**定義 1.8　部分 $\sigma$-加法族**　同じ集合の上で定義された 2 つの $\sigma$-加法族について，一方が他方を部分集合として含むとき，後者を前者の部分 $\sigma$-加法族という．

---

[6] ある集合において，任意の元にある演算を施した結果もまたその集合の元であることを，その演算について「閉じている」という．たとえば，$\mathbb{N}$ は加算について閉じている．

**例 1.1**　空集合 $\emptyset$ と全体集合 $S$ とだけからなる $\mathcal{M}_0 = \{\emptyset, S\}$ は $\sigma$-加法族である．これを特に，自明な $\sigma$-加法族と呼ぶ．$\mathcal{M}_0$ は $S$ 上の任意の $\sigma$-加法族の部分 $\sigma$-加法族なので，最も「小さな」$\sigma$-加法族といえる．

逆に最も「大きな」$\sigma$-加法族は $S$ の冪集合，つまり部分集合すべての集合族 $2^S$ である．実際，$S$ 上の任意の $\sigma$-加法族は $2^S$ の部分 $\sigma$-加法族である．

このように定義した $\sigma$-加法族を舞台にして，以下のように測度の概念を定義する．上で定義された「可測集合」は以下の測度で「測れる集合」という意味である．

**定義 1.9　測度，測度空間**　可測空間 $(S, \mathcal{M})$ に対し，$\mathcal{M}$ 上で定義された関数 $\mu$ が以下の性質を満たすとき，$\mu$ を（$(S, \mathcal{M})$ 上の）測度という．

1. 任意の $A \in \mathcal{M}$ に対し，$0 \leq \mu(A) \leq \infty$. 特に $\mu(\emptyset) = 0$.
2. $A_1, A_2, \ldots \in \mathcal{M}$ が非交差的ならば，

$$\mu\left(\bigsqcup_{n=1}^{\infty} A_n\right) = \sum_{n=1}^{\infty} \mu(A_n). \tag{1.1}$$

また，この $S, \mathcal{M}, \mu$ の組 $(S, \mathcal{M}, \mu)$ を測度空間という．

上の性質 (1.1) を $\sigma$-加法性，または完全加法性，可算加法性と呼ぶ．

測度とは，長さ，面積，体積のような概念を抽象化したものだが，その本質がこの $\sigma$-加法性である．つまり，たかだか可算個の重なりのない図形をあわせた図形の長さ（面積，体積など）は，それぞれの長さなどの和になるべきであり，そして大事なことはそれだけである（可算個であることが重要．非可算の場合は加法性を保証しない）．

実際，上の定義から必要な性質は導かれる．以下に簡単な例を定理の形で挙げておく．どれもやさしいが，上の定義の巧妙さを味わうため，すべてに証明をつける．

**定理 1.3　測度の簡単な性質**　測度空間 $(S, \mathcal{M}, \mu)$ について以下が成立．

1. （有限加法性）$A_1, \ldots, A_n \in \mathcal{M}$ が非交差的ならば，
$$\mu\left(\bigsqcup_{i=1}^{n} A_i\right) = \sum_{i=1}^{n} \mu(A_i).$$
2. （単調性）$A_1, A_2 \in \mathcal{M}$ について $A_1 \subset A_2$ ならば $\mu(A_1) \leq \mu(A_2)$.
3. （劣加法性）$A_1, A_2, \ldots \in \mathcal{M}$ について，
$$\mu\left(\bigcup_{n=1}^{\infty} A_n\right) \leq \sum_{n=1}^{\infty} \mu(A_n).$$
4. （上方連続性）$A_1, A_2, \ldots \in \mathcal{M}$ が単調に増大，つまり，$A_1 \subset A_2 \subset \cdots$ ならば，
$$\lim_{n\to\infty} \mu(A_n) = \mu\left(\bigcup_{n=1}^{\infty} A_n\right).$$
5. （下方連続性）$A_1, A_2, \ldots \in \mathcal{M}$ が単調に減少，つまり，$A_1 \supset A_2 \supset \cdots$ で，さらに $\mu(A_1) < \infty$ ならば，
$$\lim_{n\to\infty} \mu(A_n) = \mu\left(\bigcap_{n=1}^{\infty} A_n\right).$$

**証明**

1. 測度の定義の可算加法性で，任意の $m > n$ について $A_m = \emptyset$ とおけば，$\mu(\emptyset) = 0$ からただちに従う．
2. $A_1 \subset A_2$ より，$A_2 = (A_2 \backslash A_1) \sqcup A_1$ だから，1. の有限加法性より
$$\mu(A_2) = \mu(A_2 \backslash A_1) + \mu(A_1)$$
であって，定義より測度は非負だから $\mu(A_2) \geq \mu(A_1)$.
3. $B_1, B_2, \ldots \in \mathcal{M}$ を
$$B_1 = A_1, \quad B_n = A_n \backslash \bigcup_{i=1}^{n-1} A_i \quad (n = 2, 3, \ldots)$$
によって定義すると，任意の $n \in \mathbb{N}$ について $B_n \in \mathcal{M}$ かつ $B_n \subset A_n$ であり，$\{B_n\}$ は非交差的であって，しかも $\bigcup_{n=1}^{\infty} A_n = \bigsqcup_{n=1}^{\infty} B_n$. よって，定

義の $\sigma$-加法性と 2. の単調性より，

$$\mu\left(\bigcup_{n=1}^{\infty} A_n\right) = \mu\left(\bigsqcup_{n=1}^{\infty} B_n\right) = \sum_{n=1}^{\infty} \mu(B_n) \leq \sum_{n=1}^{\infty} \mu(A_n).$$

4. 上の証明で特に，$\{A_n\}$ が単調に増大ならば，$A_n = \bigsqcup_{i=1}^{n} B_i$ だから，1. の有限加法性より，$\mu(A_n) = \sum_{i=1}^{n} \mu(B_i)$ であって，

$$\lim_{n\to\infty} \mu(A_n) = \sum_{i=1}^{\infty} \mu(B_i) = \mu\left(\bigsqcup_{n=1}^{\infty} B_n\right) = \mu\left(\bigcup_{n=1}^{\infty} A_n\right).$$

5. $\mu(A_1) < \infty$ よりすべての $n$ で $\mu(A_n) < \infty$ であることとド・モルガンの法則（定理 1.2）にだけ注意すれば，4. の上方連続性の議論と同様． ■

測度は無限大の値をとりうることに注意せよ．これに関して，以下の 2 つの有限性の概念を用意しておく．

**定義 1.10　有限測度，$\sigma$-有限測度**　測度空間 $(S, \mathcal{M}, \mu)$ について，測度 $\mu$ が $\mu(S) < \infty$ を満たすとき，$\mu$ は有限測度であるという．

また，$\mu(A_n) < \infty$ であるような $A_1, A_2, \ldots \in \mathcal{M}$ で，

$$S = \bigcup_{n=1}^{\infty} A_n$$

と書けるとき，$\mu$ は $\sigma$-有限測度であるという．

技術的には，有限測度が最も扱いやすい．しかし，そうでないときもほとんどの場合は $\sigma$-有限測度であることが仮定でき，少々の手間で有限測度と同様に扱える．一方，$\sigma$-有限ですらない測度については，直観的に期待する性質がしばしば成立しないので注意を要する．

また，測度論においては測度 0 の集合を除外して議論することが多いため，以下の概念が便利である．

**定義 1.11　零集合，ほとんどいたるところ (a.e.)**　測度空間 $(S, \mathcal{M}, \mu)$ において，$\mu(N) = 0$ であるような $N \in \mathcal{M}$ を零集合という[7]．また，$x \in S$ に依存する命題が，ある零集合 $N$ を除いた $S \backslash N$ 上で成立しているとき，この命題は「ほとんどいたるところ」成立する，といい，"a.e." ("almost everywhere" の略) と書き添えて示すこともある．

定義より $\mu(\emptyset) = 0$ なので空集合 $\emptyset$ はもちろん零集合だが，零集合は空集合とは限らない．むしろ，積分論や確率論では，議論から除外する集合として零集合をうまく選ぶことが，しばしばポイントになる．

### 1.1.3　確率空間と確率

以上の準備のもと，確率空間と確率を以下のように定義する．

**定義 1.12　確率空間，確率**　以下の条件を満たす三つ組 $(\Omega, \mathcal{F}, P)$ を確率空間と呼び，その $P$ を確率測度もしくは単に確率という．

1. $(\Omega, \mathcal{F}, P)$ は測度空間である．
2. $P(\Omega) = 1$ である．

つまり確率とは，（$P(\Omega) = 1$ であるような）有限測度にほかならない．すなわち，確率の本質は長さや面積と同じく $\sigma$-加法性である．

直観的には，$\Omega$ の部分集合のうち $\mathcal{F}$ の元であるものが，我々が確率を考えたい「出来事」であり，確率測度の値がその「出来事」が起こる確率に対応する．よって，$\mathcal{F}$ の元を事象と呼び，$A \in \mathcal{F}$ に対し $P(A)$ を事象 $A$ の確率という．

上の定義より，$\mathcal{F}$ は少なくとも $\Omega$ と $\emptyset$ を含み，つまり，これらは事象であるが，特別な意味があるので，$\Omega$ を全事象，$\emptyset$ を空事象と名づける．また定義より，全事象 $\Omega$ の確率は 1 であり，空集合 $\emptyset$ の確率は 0 である．

事象 $A$ の確率が 1 のとき，つまり $P(A) = 1$ となるとき，事象 $A$ は「ほとんど確実に」（"almost surely" に）起きるといい，省略して "a.s." と書

[7] 測度 0 の可測集合の（可測とは限らない）部分集合を零集合と呼ぶ流儀もあるので注意．このことは測度空間の「完備性」（定義 1.17）の議論で混乱のもとになる．

く[8]．これは必ずしも事象 $A$ が全事象 $\Omega$ であることを意味しないことに注意せよ．同様に，$P(B)=0$ であるような事象 $B$ は空事象 $\emptyset$ とは限らない．

確率空間 $(\Omega, \mathcal{F}, P)$ の $\Omega$ を標本空間と呼ぶことがある．このとき，$\Omega$ の元 $\omega$ を標本，もしくは標本点と呼ぶ．

標本と事象の違いに注意せよ．ある標本 $\omega \in \Omega$ に対して，その標本だけからなる集合 $\{\omega\}$ は，$\{\omega\} \in \mathcal{F}$ ならば事象であり，したがってその確率を考えられるが，標本 $\omega$ 自体は $\Omega$ の元であって部分集合ではないので，$\mathcal{F}$ の元ではありえず，その確率も考えられない．

### 1.1.4 確率（確率空間）の例

前項では，ある条件を満たすものとして確率空間と確率を定義した．以降，確率論はこの定義に基づいて構築されるので，その成果は定義を満たすものに対して自由に使える．これは公理主義の大きな利点であるが，一方，定義を満たす興味深いものが存在するのか，構成可能なのか，という実際的な問題を棚上げにしている．

以下に確率空間の例をいくつか与えるが，うち重要なものは構成の方法が明らかではないし，実際，注意深い議論が必要で，確率論の重要な成果でもある．そのような確率測度の構成については次節で扱う．

**例 1.2　自明な確率空間**　空でない集合 $\Omega$ と，その上の自明な $\sigma$-加法族 $\mathcal{F}_0=\{\emptyset, \Omega\}$ と，確率測度 $P_0$ の三つ組 $(\Omega, \mathcal{F}_0, P_0)$ は確率空間をなす．

前項に述べたように，$\sigma$-加法族は定義より少なくとも空事象と全事象を持つから，この自明な確率空間は必要最小限の要素しか持たない最も単純な確率空間である．確率測度 $P_0$ も定義より自動的に $P_0(\Omega)=1$ と $P_0(\emptyset)=0$ が成り立ち，それですべてである．

[8] つまり，「ほとんどいたるところ (“almost everywhere”, “a.e.”)」の概念の確率版．

**例 1.3　ディラック測度**　空でない集合 $\Omega$ に対し，その冪集合 $2^\Omega$ を $\sigma$-加法族にとる．標本 $\omega_0 \in \Omega$ を1つ固定し，測度 $\delta_{\omega_0}$ を事象 $A \in 2^\Omega$ に対して，$\omega_0 \in A$ ならば $\delta_{\omega_0}(A) = 1$, $\omega_0 \notin A$ ならば $\delta_{\omega_0}(A) = 0$ と定義する．このとき，三つ組 $(\Omega, 2^\Omega, \delta_{\omega_0})$ は確率空間をなす．この確率測度 $\delta_{\omega_0}$ を（$\omega_0$ に集中する）ディラック測度またはデルタ測度（$\delta$ 測度）という．

**演習問題 1.1**

ディラック測度が確率測度となっていることを確認せよ．つまり，上の $(\Omega, 2^\Omega, \delta_{\omega_0})$ が確率空間の定義を満たすことを示せ．

**例 1.4　ベルヌーイ型の確率空間**　集合 $\Omega$ が，$\emptyset$ でも $\Omega$ 自身でもない部分集合 $A$ を持つとき，$\mathcal{F}_1 = \{\emptyset, A, A^c, \Omega\}$ は $\sigma$-加法族である．$p \in [0,1]$ に対し以下で定義した $P_1$ は確率測度である．

$$P_1(\emptyset) = 0, \quad P_1(A) = p, \quad P_1(A^c) = 1 - p, \quad P_1(\Omega) = 1.$$

この三つ組 $(\Omega, \mathcal{F}_1, P_1)$ をベルヌーイ型の確率空間という．$\mathcal{F}_1$ で記述されるような事象をベルヌーイ型の事象という．

ベルヌーイ型の確率空間は，直観的には「(1回の) コイン投げ」に対応していると考えられる．つまり，1枚のコインを1回投げて表が出るという事象 $A$ の確率が $p$ であり，裏が出る事象 $A^c$ の確率が $1 - p$ である．

「コイン投げ」を念頭におくならば，確率空間自体を2つだけの要素を持つ集合，たとえば，$\Omega = \{0, 1\}$ や $\Omega = \{\mathrm{H}, \mathrm{T}\}$，いっそ，$\Omega = \{\text{表}, \text{裏}\}$ から構成するのが自然に思える．実際，

$$\mathcal{F}_1 = \{\emptyset, \{\text{表}\}, \{\text{裏}\}, \{\text{表}, \text{裏}\}\},$$

$$P_1(\emptyset) = 0, \quad P_1(\{\text{表}\}) = p, \quad P_1(\{\text{裏}\}) = 1 - p, \quad P_1(\{\text{表}, \text{裏}\}) = 1$$

と定義しても同じであり，そうしていけない理由は論理的には何もない．実際，本書でもしばしばこのように標本空間をとる．しかし，標本空間 $\Omega$ を抽象的に「(十分に大きい) ある集合」としておき，第2章で説明するように確率変数の概念を通して，$\sigma$-加法族や確率を導入することもしばしば行われる．その利点

は，さまざまな確率的な問題を，その場限りの標本空間を設定するのではなく，統一的に扱えることである．

**演習問題 1.2**

異なる 2 点 $\omega_1, \omega_2 \in \Omega$ と $p \in [0,1]$ に対し，$A \in 2^\Omega$ について，ディラック測度（例 1.3）を用いて

$$P(A) = p\,\delta_{\omega_1}(A) + (1-p)\,\delta_{\omega_2}(A)$$

と定義するとき，$(\Omega, 2^\Omega, P)$ は確率空間だろうか．そうならば，上の例 1.4 のベルヌーイ型確率空間とどのような関係にあるか．

**例 1.5　有限事象の確率空間**　集合 $\Omega$ は空でない部分集合 $A_1, \ldots, A_n$ で $\Omega = A_1 \sqcup \cdots \sqcup A_n$ のように直和で書けているとする．$\mathcal{F}_2$ を $A_1, \ldots, A_n$ のすべての組み合わせの和集合の集合（族）とする（0 個の和集合 $\emptyset$ もすべての和集合 $\Omega$ も含む）．確率 $P_2$ は，$n$ 個の非負の実数 $p_1, \ldots, p_n$ で $\sum_{i=1}^{n} p_i = 1$ であるものに対し $P_2(A_i) = p_i$ として，測度の定義を満たすよう定める．

この確率空間は状況が有限的な場合，つまり，考えられる事象が有限個の基本になる事象（ここでの $A_1, \ldots, A_n$）の組み合わせからなるものなら，すべて記述できる．また，この場合には問題が数え上げの計算に帰着してしまうので，測度論的な基礎づけは必要ない．

たとえば，コインを 10 回投げるとき，どのような結果がどのような確率で生じるか，という問題は，表か裏かが 10 回分，つまり $2^{10} = 1024$ 個の分割から上の例 1.5 のように確率空間を作れば，すべて記述できる．また，計算には組み合わせ論的な困難があるかも知れないが，基礎づけに大きな問題はない．

しかし，無限回コインを投げるとか，ある結果が生じるまで投げ続ける，という状況を考えたとたんに，素朴な確率論は問題に直面する．その最大の理由は，上でいう「基本になる事象」が，無限回のコイン投げの結果 1 つずつであるために，そこに与える自然な確率が一見は存在しないことである．なぜなら，それが 0 以外ならば全事象の確率が無限大になってしまうし，0 ならばなぜ事

象が正しく確率の値を持てるのか，素朴な観点からは説明できない．

以下に，素朴には確率空間を設定できない典型的な例を2つ挙げる．

**例1.6　無限回のコイン投げ（ランダムなビット列，ランダムウォーク，酔歩）**　無限回コインを投げる問題を考えたい．これはランダムなビット（無限）列の構成でもあり，コイン投げの結果に応じて前後に1歩ずつ進むランダムウォーク（酔歩）のモデルでもある．この問題で基本になる「出来事」は，「表」と「裏」の無限列だろう．

したがって，標本空間 $\Omega$ としては少なくとも，「表」か「裏」からなる無限列の全体か，それに対応づけられる無限集合をとる必要がある．この集合の上に「自然な」$\sigma$-加法族と確率測度を構成できるだろうか．

この「自然な」確率測度は，「出来事」が有限の状態で決まるときには，有限回のコイン投げに一致しているべきだろう．たとえば，（公平なコインならば）無限回コインを投げるとき最初の2回が続けて裏である確率は $(1/2) \times (1/2) = 1/4$ でなくてはならない．

このような要請を満たすように，$\sigma$-加法族と確率測度を構成できるかはまったく自明でない．この構成は次節で扱う．

**例1.7　線分上にランダムに1点を選ぶ**　長さ1の線分の上に一様に，つまりこの線分上に偏りなくランダムに1点を選ぶという問題を考えたい．標本空間 $\Omega$ として，実数の区間 $[0,1]$ か，それに対応づけられる無限集合をとることになる．この上に「自然な」$\sigma$-加法族と確率測度を構成することは可能だろうか．

この「自然」な確率は，長さ $p (0 \leq p \leq 1)$ の線分に対して $p$ の確率を持つべきだろう（たとえば，選ばれた点が線分の左端 $[0, \frac{1}{4}]$ に入る確率も，右端 $[\frac{3}{4}, 1]$ に入る確率も同じく $1/4$ である）．

しかし，このような要請を満たすように $\sigma$-加法族と確率測度を構成できるかはまったく自明でない．この例の構成も次節で扱う．

上の2つの例は，おそらく最も重要な確率空間であり，そのほかの多くの確率空間の礎石でもある．そして，この2つの例の間には密接な関係がある．それは，$[0,1]$ 区間に含まれる実数の 2 進法展開を考えてみれば容易に想像がつくだろう．すなわち，“0” を「表」，“1” を「裏」と解釈すれば，実数 $x \in [0,1]$ と表か裏の無限列を（ほとんど）[9] 1 対 1 に対応させることができる．

複雑な確率空間の例をさらに 2 つ挙げておこう．

**例 1.8　確率の確率**　「ランダムな確率」を考える，つまり，確率の集合の上に確率を定義することもできる．たとえば，上の「有限事象の確率空間」を考えよう（たとえば，サイコロ投げ）．この問題は $\sum_{i=1}^{n} p_i = 1$ であるような非負の実数 $(p_1, \ldots, p_n)$ を定めれば，1 つのモデルが決まる．たとえば，$p_1 = \cdots = p_6 = 1/6$ と定めれば，「公平なサイコロを 1 回投げる」というモデルが決まる．しかし，目の出方（確率）そのものがランダムに決まる，という「ランダムなサイコロ」のモデルはどう作ればよいだろう．これには，$\sum_{i=1}^{n} p_i = 1$ であるような $(p_1, \ldots, p_n)$ を標本空間にとる，つまり，

$$\Omega = \left\{ (p_1, \ldots, p_n) \in \mathbb{R}^n : \sum_{i=1}^{n} p_i = 1,\, p_i \geq 0\, (1 \leq i \leq n) \right\}$$

として，この上に適当に確率（と $\sigma$-加法族）を定めることになる．このような有限事象の場合において典型的な確率の定め方の 1 つは「ディリクレ分布」[10] だが，もちろん問題によってさまざまな決め方がありうる．さらに，有限事象では決まらないような一般の確率測度に対しても，確率測度の集合の上に確率を定義することが考えられる．

**例 1.9　ブラウン運動（ウィナー空間）**　現代的な確率論の大きな成果の 1 つに，「ブラウン運動」の定式化とその応用がある．ブラウン運動とは，水面上でランダムに運動する微粒子の観察から生まれた概念であるが，「ランダムな運動」をどう定式化すべきだろう．

9) ほとんど，と断わったのは，有限の 2 進法展開を持つ数に対しては 2 通りの 2 進法表現がありうるからである（例: $0.1 = 0.100000\cdots = 0.011111\cdots$）．これは技術的にわずらわしいが，本質的な問題にはならない．

10) 特に $n = 2$ の場合のディリクレ分布はベータ分布と呼ばれる．ベイズ推定の応用例である 7.1.5 項にはベータ分布が登場する．ディリクレ分布も同様の事情でベイズ推定によく用いられる分布である．

確率空間の考え方からすれば，「すべての運動」のなす標本空間 $\Omega$ の上に確率測度を定義する問題になる．実際，ブラウン運動は原点を出発する連続関数の全体のなす空間の上に，ウィナー測度と呼ばれる確率測度を構成することで定義する．この確率空間をウィナー空間と呼ぶ．

もちろん，連続関数全体のなす空間は無限次元の空間である．この上にルベーグ積分論が応用できるばかりか，さまざまな解析学的手法を構築することができ，ランダムな運動の現象を無限次元の解析学として研究できる．

## 1.2 確率測度の構成

### 1.2.1 拡張定理

前節では，ある条件を満たすものとして確率空間と確率を定義した．しかし，無限回のコイン投げやランダムなビット列，線分にランダムに1点を選ぶことなど，興味深い問題に対応する確率空間が構成できるか，まだわかっていなかった．

この節では，そのような確率空間を構成する方法として，「拡張定理」による測度の構成について述べる．確率空間の構成が問題になるのは，無限を扱う状況においてである．この場合，自然なアプローチとしては，状況がやさしい場合，たとえば有限の場合に構成しておいて，その性質を保つようなものが無限の状況に存在するかを問う，つまり「拡張する」ことが考えられる．

正確にいえば，空でない集合 $S$ の部分集合の集合族 $\mathcal{G}$（$\sigma$-加法族でなくてもよい）とその上の関数 $\nu : \mathcal{G} \to [0, \infty]$（測度でなくてもよい）に対して，$S$ 上の $\sigma$-加法族 $\mathcal{F}$ と測度 $\mu$ が存在し，$\mathcal{G} \subset \mathcal{F}$ であって $\mathcal{G}$ 上で $\nu$ と $\mu$ が一致しているとき，つまり任意の $A \in \mathcal{G}$ に対し $\nu(A) = \mu(A)$ であるとき，「$\nu$ は測度 $\mu$ に拡張される」という．また，2つの拡張 $\mu, \mu'$ があるとき，任意の $A \in \mathcal{F}$ について $\mu(A) = \mu'(A)$ ならば拡張は一意であるという．

測度論において，このように拡張された測度の存在や一意性を主張する定理は「拡張定理」と呼ばれ，構成したい測度に応じて都合のよいものや，より一般的なものなど，その条件はさまざまである．以下では，典型的で適用がわかりやすいものとして，「有限の状況」から拡張するホップ (Hopf, E.) の拡張定理を示そう．そのため，まず有限加法族と有限加法的測度の概念を準備する．

**定義 1.13 有限加法族** 空でない集合 $S$ に対して，その部分集合の集合族 $\mathcal{A}$ が以下の性質を満たすとき，$\mathcal{A}$ は（$S$ 上の）有限加法族であるという．

1. $\emptyset \in \mathcal{A}$ である．
2. $A \in \mathcal{A}$ ならば $A^c \in \mathcal{A}$ である．
3. $A, B \in \mathcal{A}$ ならば $A \cup B \in \mathcal{A}$ である．

すなわち有限加法族とは，$\sigma$-加法族の定義で可算無限個の和集合に関する条件を有限個の和集合だけに制限したものである．和集合 $A \cup B$ は $A \cup B \cup \emptyset \cup \emptyset \cup \cdots$ とも書けるから $\sigma$-加法族は常に有限加法族でもあるが，その逆は一般に成立しない．

**定義 1.14 有限加法的測度** 空ではない集合 $S$ 上の有限加法族 $\mathcal{A}$ 上で定義された関数 $\nu$ が以下の性質を満たすとき，$\nu$ を（$S$ 上の）有限加法的測度という．

1. 任意の $A \in \mathcal{A}$ に対し，$0 \leq \nu(A) \leq \infty$．特に $\nu(\emptyset) = 0$．
2. $A, B \in \mathcal{A}$ かつ $A \cap B = \emptyset$ ならば，

$$\nu(A \sqcup B) = \nu(A) + \nu(B). \tag{1.2}$$

上の性質 (1.2) を有限加法性という．$\sigma$-加法性を持つならば有限加法性も持つのだったが（定理 1.3 の 1.），その逆は一般には成立しない．有限加法的測度は，測度の定義 1.9 において $\sigma$-加法性の条件を有限加法性だけに制限したものである．よって，測度は常に有限加法的測度であるが，その逆は一般に成立しない．その意味では有限加法的「測度」という名前は好ましくないため，有限加法的集合関数などと呼ぶこともあるが，本書では慣例に従っておく．

ある集合族 $\mathcal{M}_0$ を $\sigma$-加法族に「拡張」するには，以下のように $\mathcal{M}_0$ から「生成された」$\sigma$-加法族を考えるのが自然だろう．

**定義 1.15　生成された $\sigma$-加法族**　空でないある集合 $S$ の部分集合からなる集合族 $\mathcal{M}_0$ に対し，この $\mathcal{M}_0$ を含むような $\sigma$-加法族の中で最小のもの，つまり，$\mathcal{M}_0$ を含む任意の $\sigma$-加法族 $\mathcal{M}$ に含まれるものが存在する．これを $\sigma[\mathcal{M}_0]$ と書いて，$\mathcal{M}_0$ から生成された $\sigma$-加法族と呼ぶ．

この定義がきちんと意味のある定義になっていること，つまり，この定義を満たす $\sigma$-加法族が存在することは，明らかではない．よって，この定義はその存在を主張する「定理」でもあり，以下がその証明である．

**証明**

任意の $\mathcal{M}_0$ に対し $\mathcal{M}_0 \subset 2^S$ であるから，$\mathcal{M}_0$ を含む $\sigma$-加法族 $\mathcal{M}$ は少なくとも1つ存在し，$\mathcal{M}_0$ を含む $\sigma$-加法族の全体の集合は空ではない．これより，$\mathcal{M}_0$ を含むような $\sigma$-加法族 $\mathcal{M}$ すべての共通部分 $\bigcap \mathcal{M}$ を $\mathcal{F}$ とする（これは非可算無限の共通部分かも知れない）．

まず，$\mathcal{F}$ は $\sigma$-加法族である．実際，任意の $\sigma$-加法族は $\emptyset$ を含むから $\emptyset \in \mathcal{F}$ であり，また，任意の $A \in \mathcal{F}$ に対し $A^c$ は，$A$ が $\mathcal{M}_0$ を含む任意の $\mathcal{M}$ に対し $A \in \mathcal{M}$ であり，よって $A^c \in \mathcal{M}$ であることより，$A^c \in \mathcal{F}$ である．$\sigma$-加法性についても同様に示すことができる．

また，この $\mathcal{F}$ が $\mathcal{M}_0$ を含むものの中で最小であることは，共通部分であることより明らか．よって，これが $\sigma[\mathcal{M}_0]$ である．　■

以上の準備のもと，典型的な「拡張定理」として，以下にホップの拡張定理を挙げておく．

**定理 1.4　ホップの拡張定理**　空でない集合 $S$ 上の有限加法族 $\mathcal{A}$ 上の有限加法的測度 $\nu$ は，$\nu$ が $\mathcal{A}$ 上で $\sigma$-加法的であれば，$\mathcal{A}$ から生成された $\sigma$-加法族 $\sigma[\mathcal{A}]$ 上の測度 $\mu$ に拡張できる．さらに，$(S, \mathcal{A}, \nu)$ が $\sigma$-有限ならば，この拡張された測度 $\mu$ は一意的である．

証明は煩雑になるため省略する．繰り返しになるが，「拡張定理」にはさまざまなものがある．どれも，$\sigma$-加法族より扱いやすい集合族とその上の集合関数を用意すれば，$\sigma$-加法族の上の測度にできることを主張するものである．

### 1.2.2 拡張定理の適用例

拡張定理を用いて測度を構成する例として，無限回のコイン投げ（例 1.6）を考えよう．次章 2.1.2 項で説明するように，このような具体的問題は確率変数の概念を通して，抽象的な集合 $\Omega$ の上に定義する場合が多いが，ここでは簡易的に $\Omega$ を具体的に構成する．

つまり，無限回のコイン投げの結果を記述するため，$\Omega$ を以下のように記号 "H" と "T" の無限列全体の集合とする．

$$\Omega = \{(\omega_n)_{n\in\mathbb{N}} : \omega_n \in \{H, T\}\}.$$

ここで "H" は「表」，"T" は「裏」と解釈する．また，$(\omega_n)_{n\in\mathbb{N}}$ は無限列 $\omega_1\omega_2\omega_3\cdots$ のことである．この $\Omega$ はもちろん無限集合である．この $\Omega$ の上に問題に沿った $\sigma$-加法族と確率測度を構成したい．

ホップの拡張定理（定理 1.4）を適用するため，その前提をチェックしよう．$\Omega$ の部分集合として，任意の自然数 $k$ と任意の自然数 $n_1 < n_2 < \cdots < n_k$ と $\{H, T\}$ の要素 $\varepsilon_1, \ldots, \varepsilon_k$ に対し，

$$A(n_1, \ldots, n_k; \varepsilon_1, \ldots, \varepsilon_k) = \{(\omega_n)_{n\in\mathbb{N}} \in \Omega : \omega_{n_1} = \varepsilon_1, \ldots, \omega_{n_k} = \varepsilon_k\}$$

の形の部分集合を考える．つまり，無限列に対し有限個の場所とそこでの結果は指定するが，そのほかは何でもよい，という集合である．この形の部分集合とそれらの有限和集合のなす集合族 $\mathcal{A}$ は明らかに有限加法族をなす．また，$\mathcal{A}$ 上の集合関数 $P$ を「表の出る確率」$p\,(0 < p < 1)$ について

$$P(A(n_1, \ldots, n_k; \varepsilon_1, \ldots, \varepsilon_k)) = p^m(1-p)^{k-m}$$

で定める．ここで $m$ は $\varepsilon_1, \ldots, \varepsilon_k$ の中の "H" の個数である．この $P$ が $\mathcal{A}$ 上の有限加法的測度であることはすぐにわかる．

あとは，この $P$ がさらに $\mathcal{A}$ 上で $\sigma$-加法的であることを確認できれば（この確認はやや難しい），拡張定理から確率空間 $(\Omega, \sigma[\mathcal{A}], \tilde{P})$ が一意的に構成される．

### 1.2.3 ルベーグ測度

確率論にとっても，測度論自体にとっても，最も重要な測度は「ルベーグ測度」だろう．直観的には，ルベーグ測度とは $n$ 次元ユークリッド空間 $\mathbb{R}^n$ 上の長さ，面積，体積といった概念と自然に対応する一様な測度である．確率の問題でいえば，この測度を閉区間 $[0, 1]$ に制限したものが，前節の例 1.7 でみた

一様に点を選ぶ問題の確率測度になっている．この項ではルベーグ測度の構成について解説する．

ルベーグ測度は最も基本的な測度でありながら，初学者は理解が難しいと感じることが多い．その理由の1つは，ルベーグ測度が測度論の誕生とともに生まれたため，おおむね歴史的経緯の順序で定義，説明されることである．これは自然ではあるが，測度空間の定義から抽象的に測度を与える方法と混線しがちであり，特にボレル集合族との関係がわかり難い．つまり，「ボレル集合族上のルベーグ測度」[11] と「(ルベーグ可測集合族上の) ルベーグ測度」の関係が，初学者には一目で見渡せない [12]．

本書ではルベーグ測度そのものの理論的構成の興味より，その概念の理解に重点をおくので，上記の区別でいえば「ボレル集合族上のルベーグ測度」を正確に定義する．そして，「(ルベーグ可測集合族上の) ルベーグ測度」については，どこが前者と違うのかを証明抜きで解説するにとどめる．

まず，ボレル集合族を定義しよう．この集合族は $\mathbb{R}^n$ 上の集合の測度を考えるにあたって自然な対象である．以下，簡単のため 1 次元ユークリッド空間，すなわち実数 $\mathbb{R}$ についてのみ考えるが，本質的には $\mathbb{R}^n$ でも同じである．

**定義 1.16　ボレル集合族**　$\mathbb{R}$ のすべての開区間のなす集合族 $\mathcal{O}$ から生成される $\sigma$-加法族をボレル集合族といい $\mathcal{B}(\mathbb{R})$ と書く．つまり，

$$\mathcal{B}(\mathbb{R}) = \sigma[\mathcal{O}].$$

ボレル集合族の要素をボレル可測な集合，または単にボレル集合という．

このボレル集合はもちろん，閉区間 $[a,b]$，半開半閉区間 $(a,b]$ や $[a,b)$，それらの可算無限個の和や共通部分などを含んでいることは，$\sigma$-加法族の性質からすぐにわかる．たとえば，閉区間 $[a,b]$ は，

$$[a,b] = \bigcap_{n=1}^{\infty} \left(a - \frac{1}{n}, b + \frac{1}{n}\right)$$

であるから，ボレル集合である．

---

11) これを「$\mathbb{R}$ 上のボレル測度」と呼んでもよいのだが，通常，「ボレル測度」の語は抽象的な位相空間上の測度論で用いられ，自然な長さと対応することは要請されない．

12) これを意識的に区別し，並行して解説した教科書として吉田伸生 [17] を薦めておく．ただし，解析学を学ぶ学生を対象にしているので，本書よりずっと程度が高い．

このボレル集合族の上に，自然な長さに対応する測度が一意的に存在する．

**定理 1.5 ボレル集合族上のルベーグ測度** 可測空間 $(\mathbb{R}, \mathcal{B}(\mathbb{R}))$ 上の測度 $l$ で，任意の $a < b \in \mathbb{R}$ について $l((a,b]) = b - a$ となるものが一意的に存在する．

証明は省略するが，基本的には拡張定理から示せる．たとえば，半開半閉区間の有限和のなす有限加法族上に $l$ を（有限加法的測度として）自然に定義し，その $\sigma$-加法性をチェックすることでホップの拡張定理（定理 1.4）を用いればよい．

上で定義した「ボレル集合族上のルベーグ測度」と「（ルベーグ可測集合族上の）ルベーグ測度」との違いは，以下に述べる完備性の違いである．

**定義 1.17 測度空間の完備性** 測度空間 $(S, \mathcal{M}, \mu)$ の零集合の部分集合が常に可測であるとき，この測度空間は完備であるという．

完備性の概念は一見さほど重要には思えないかも知れない．しかし，確率論でしばしば起きるように測度 0 の集合に興味を持つ場合には，零集合の部分集合の測度が考えられないと，厄介なことになりうる．

とはいえ，以下の簡単な操作によって常に測度空間は完備にできる．おおまかにいえば，零集合の部分集合をすべて $\sigma$-加法族に追加してしまえばよい．以下の定理での操作を測度空間の完備化という．

**定理 1.6 測度空間の完備化** （完備でない）測度空間 $(S, \mathcal{M}, \mu)$ に対し，$\mathcal{M}$ に任意の $\mu$-零集合 $N$ の任意の部分集合 $Z$ をすべて追加した（最小の）$\sigma$-加法族 $\overline{\mathcal{M}}$ を考える．つまり，

$$\overline{\mathcal{M}} = \sigma\left[\{B \cup Z : B \in \mathcal{M}, Z \subset N \in \mathcal{M}, \mu(N) = 0\}\right].$$

そして，その要素 $B \in \overline{\mathcal{M}}$ に対して

$$\overline{\mu}(B \cup Z) = \mu(B)$$

とおくと，$\overline{\mu}$ は（$\mu$ から拡張された）測度であり，測度空間 $(S, \overline{\mathcal{M}}, \overline{\mu})$ は完備である．

証明は省略するが，示すべきことは実際あまりない．

実は，ボレル集合族上のルベーグ測度は完備ではない．そして，これを完備化したものがルベーグ測度であり，その $\sigma$-加法族がルベーグ可測集合族である [13]．

**定義 1.18 ルベーグ測度空間** 測度空間 $(\mathbb{R}, \mathcal{B}(\mathbb{R}), l)$ を完備化した $(\mathbb{R}, \overline{\mathcal{B}(\mathbb{R})}, \bar{l})$ をルベーグ測度空間といい，この $\overline{\mathcal{B}(\mathbb{R})}$ をルベーグ可測集合族，その要素をルベーグ可測集合，測度 $\bar{l}$ をルベーグ測度という．

以上でルベーグ測度（空間）が定義されたが，一方で，ルベーグ測度は「外測度」という概念を通して，次のような方法で構成できる（拡張定理の用い方などにいくらかヴァリエーションがある）．

1. $\mathbb{R}$ の部分集合に対し（ルベーグ）外測度を定義する（これは任意の部分集合について定義できるが $\sigma$-加法的でない．つまり測度ではない）．
2. 外測度が好ましい性質を持っていることを確認する．
3. ある性質（カラテオドリ条件）を満たす集合として，ルベーグ可測集合を定義する．
4. 外測度をルベーグ可測集合族上に制限したものが $\sigma$-加法的であること，つまり測度であることを示す．
5. この測度（ルベーグ測度）が望みの性質を持っていることを確認する（ほとんどは外測度から受け継がれる）．

この方法で定義されたルベーグ可測集合とルベーグ測度の対であるルベーグ測度空間は，上で定義したボレル集合族上のルベーグ測度の完備化と一致する（もちろん自明ではない）．

この方法の長所は構成が具体的なことである．実際，外測度は目的の集合を外から長方形で覆ったものの極限として定義するので意味がわかりやすい．また，ルベーグ測度に限らず，ほかの測度を具体的に構成したいときにも，外測度を経由する方法は有効である．

---

[13] つまり，ルベーグ可測だがボレル可測でない集合が存在する．1.2.4 項では，そもそもルベーグ可測ですらない集合を構成するが，これを用いてボレル可測でないルベーグ可測集合も構成できる．ツァピンスキ-コップ [15] の「補遺」参照．

この項の最後に，第 0 章の問題 0.5，つまり $[0,1]$ 上に一様ランダムに 1 点を選ぶときそれが有理数，無理数である確率はそれぞれ何か，について答えておこう．$\mathbb{R}$ 上のルベーグ測度空間を，区間 $[0,1]$ 上に制限する．つまり，$[0,1]$ に含まれる部分集合だけを $\sigma$-加法族とし，その元についてのみルベーグ測度を考えて確率空間が作れる．有理数はたかだか可算無限個しかないから，各有理数を小さな区間で覆って極限をとる議論から，ボレル可測であることと，さらに $l([0,1] \cap \mathbb{Q}) = 0$ であることが示せる．また無理数の集合は有理数の集合の補集合だからやはり可測であり，$l([0,1] \cap \mathbb{Q}^c) = 1 - 0 = 1$ である．つまり，ランダムに選んだ点が有理数である確率は 0 で，無理数である確率は 1 となる．

**演習問題 1.3**

上で述べた $l([0,1] \cap \mathbb{Q}) = 0$ である理由を証明に書き直せ．

### 1.2.4 ルベーグ可測でない集合

以上で，$\sigma$-加法族，測度，確率空間と確率などについて定義し，その構成の方法としての拡張定理と構成の例について解説したが，**「本当にこのような面倒な手続きが必要なのか」**と疑問に思うのは自然だろう．

以上のような手続きをとった理由の 1 つには，長さや面積や体積といった概念の抽象化である測度や，確率の概念の抽象化である確率測度を，期待される性質を持つようにはすべての部分集合の上に定義できない，という問題がある．

もし，任意の集合 $S$ に対し，その部分集合すべての集合族 $2^S$ の上に常に測度や確率測度が構成できるなら，それらの活躍の舞台である $\sigma$-加法族をあえて狭く定める必要はない．もちろん，測るものと測られるものを対にした測度空間を考えることによって，まさしくルベーグ積分論が正しく美しく構築されるのではあるが，すべての部分集合が可測なら，かなりの部分が省力化されることは確かだろう．

そこで，測度論にとって最も重要で，確率論にとっても不可欠なルベーグ測度について，「可測でない集合」を以下で構成する．

なお，この構成のため選択公理（以下の定義 1.19）を用いることに注意せよ．これから予想されるように，ルベーグ可測でない集合は数学基礎論の問題と深く関係する．極端にいえば，$\mathbb{R}$ のすべての部分集合をルベーグ可測にするために，選択公理を弱めるか捨てるかした数学を考えてもよいのではないか，という疑問が生じる．これについては構成のあとに簡単にコメントする．

**定理 1.7　ルベーグ非可測な集合**　$[0,1]$ 区間の部分集合で，ルベーグ可測でないものが存在する．

**証明**　可測でない集合を実際に構成することで証明する．

$x, y \in [0,1]$ の差が有理数ならば $x, y$ が同じ部分集合 $B_\alpha (\subset [0,1])$ に属し，逆に $x, y \in B_\alpha$ ならば $x - y \in \mathbb{Q}$ であるように，部分集合の族 $\{B_\alpha\}_{\alpha \in \Lambda}$ によって，$[0,1]$ 区間を

$$[0,1] = \bigsqcup_{\alpha \in \Lambda} B_\alpha$$

と直和に分解することができる[14]．

この各 $B_\alpha$ から要素を 1 つずつ選んで集合 $E$ を作る．このとき，$E \subset [0,1]$ であり，また任意の $r \in [0,1]$ について，$r - e \in \mathbb{Q}$ となるような $e \in E$ が一意に存在する．なぜなら，もしそのような $e, e' \in E$ が存在して，$r - e$ も $r - e'$ も有理数ならば，$e - e' = (r - e') - (r - e)$ も有理数である．すなわち，$e$ と $e'$ は同じ $B_\alpha$ に属することになるが，$E$ は $\{B_\alpha\}_{\alpha \in \Lambda}$ から 1 つずつ元を選んで作ったのだったから，$e = e'$ でなくてはならない．

この $E$ が実はルベーグ可測でないことを以下で示そう．

$[-1,1]$ に含まれる有理数はたかだか可算だから，数列 $\{q_n\}_{n \in \mathbb{N}}$ の形に列挙できる．上で構成した集合 $E$ をこの $q_n$ だけ平行移動した集合 $E_n$，つまり，

$$E_n = \{x + q_n \,:\, x \in E\}$$

を考えよう．$E$ がルベーグ可測ならば，ルベーグ測度の性質より $E_n$ もルベーグ可測でありルベーグ測度も等しい．

まず，$\{E_n\}_{n \in \mathbb{N}}$ が非交差的であることに注意せよ．実際，ある $n \neq m$ について $E_n \cap E_m \neq \emptyset$ だとすると，$z \in E_n \cap E_m$ に対して $x, x' \in E$ が存在して，

$$z = x + q_n = x' + q_m$$

---

14) 正確な数学の言葉でいえば，$x - y \in \mathbb{Q}$ を $x \sim y$ と書くとき，この関係 "$\sim$" は反射的，対称的，推移的なので同値関係であり，ゆえに，この同値関係のもと $[0,1]$ を同値類に分けることができる．代数学の入門的教科書を参照のこと．

と書ける．これより，$x - x' = q_m - q_n \in \mathbb{Q}$ だが，$E$ の作り方から，$x = x'$ でなければならず，$q_n = q_m$ である．

さらに，

$$[0,1] \subset \bigsqcup_{n=1}^{\infty} E_n \subset [-1,2]$$

である．なぜなら，右の包含関係は $E \subset [0,1]$ と $q_n \in [-1,1]$ より明らか，左の包含関係については，任意の $x \in [0,1]$ について，$x$ との差が有理数になるような要素 $y \in E(\subset [0,1])$ が一意に存在するので，$x$ は $E_n$ のどれかに属するからである．

ここで，$E$ がルベーグ可測と仮定すると，測度の可算加法性と単調性より，ルベーグ測度を $l(\cdot)$ と書くとき，

$$1 = l([0,1]) \leq l\left(\bigsqcup_{n=1}^{\infty} E_n\right) = \sum_{n=1}^{\infty} l(E_n) = \sum_{n=1}^{\infty} l(E) \leq l([-1,2]) = 3$$

となるが，$\sum_{n=1}^{\infty} l(E)$ は 0 か $\infty$ でなければならず，いずれにせよ左か右の不等号に矛盾する．よって，$E$ は可測でない． ■

上の証明は通常の数学の枠組みにおいて何の問題もないが，集合の族 $\{B_\alpha\}_{\alpha \in \Lambda}$ の各要素 $B_\alpha$ から，1 つずつ元を選択して集合 $E$ を作ることができる，というところでまさに以下の「選択公理」を用いている．

**定義 1.19 選択公理** 次の命題を選択公理という．「任意の空でない集合の族に対し，その各要素である集合から 1 つずつ要素を選んだ集合が作れる」．

より厳密に書けば，「任意の（空でない）集合の（空でない）族 $\{A_\alpha\}_{\alpha \in \mathcal{A}}$ に対し，各集合 $A_\alpha$ に対し $s(A_\alpha) \in A_\alpha$ であるような，写像 $s : \{A_\alpha\}_{\alpha \in \mathcal{A}} \to \bigcup_{\alpha \in \mathcal{A}} A_\alpha$ が存在する（この $s$ を選択関数という）」．

この公理は自明であり，当然成り立つべきだし，仮定してもまったく無害に思える．実際，ほとんどの数学者は選択公理を当然のこととして認めている．正確にいえば，ZF 公理系（ツェルメロ–フレンケルの公理系）に選択公理を追

加した ZFC 公理系を数学の基礎として仮定している[15]．また，ほとんどの数学者は，選択公理がないと数学はかなり痩せてしまうと考えている（と著者は思う）．

しかし，選択公理を仮定すると，直観に著しく反する結果が導かれることも事実である．その有名な例として，「3 次元の球を有限個の部分に分割して，それらを回転と平行移動で組み替えることで，もとの球と同じ半径の球を 2 つ作れる」という「バナッハ-タルスキの逆理」[16] がある．もちろん，分割した部分が各々ルベーグ可測集合ならば，（有限加法性より）このようなことはありえないので，これらは非可測なのである．

上の証明では，選択公理を仮定するとルベーグ非可測集合が構成できることを示したが，その主張の裏，つまり，選択公理がなければ非可測集合がどうなるのかについては，何もいっていない．しかし以下の事実が，ソロヴェイ (Solovay, R.M.) によって証明されている[17]．

**定理 1.8　ソロヴェイの定理**　ZFC 公理系に加えて強到達不能基数の存在を仮定した公理系が無矛盾ならば，ZF 公理系に従属選択公理と「実数の部分集合はすべてルベーグ可測である」ことを仮定した公理系も無矛盾である．

上の定理の中の用語について定義はしないが，「強到達不能基数」が ZFC 公理系の中で存在が証明できない「非常に大きな数」であることと，「従属選択公理」とは選択に制限を加えることで選択公理を弱めた公理であることを注意しておく．

この定理から，ルベーグ可測でない集合を構成するには選択公理が本質的であると想像される．また，ソロヴェイの定理の逆が成立すること，つまり 2 つの公理系の無矛盾性が同値であることもわかっている．このように，ソロヴェ

---

[15] ZF 公理系，ZFC 公理系についてはキューネン [5] 参照．興味のある読者は，以下の基数，強到達不能基数についても同書参照のこと．

[16] これは「逆理」ではなく，（選択公理を仮定する限り）数学的に正しい定理であるが，慣例に従っておく．親しみやすい解説書として砂田 [12] がある．

[17] Solovay, R.M.: “A model of set-theory in which every set of reals is Lebesgue measurable”, Ann. Math., (2) 92, pp.1–56, (1970).

イの定理以降も，ルベーグ非可測集合と数学の基礎の関係は，集合論や数学基礎論の枠組みで深い研究が進展中である．

測度論においては，測度空間という三つ組を用いるため，このような難しい問題には直接に触れることなく応用することができる．つまり，測るものと測られるものを同時に考えるということは，決して「面倒」ではなくて，むしろ問題を綺麗に扱うために本質的なアイデアなのである．

## 本章で導入された主な概念

- $\sigma$-加法族 ($\sigma$-field) ➡ **定義 1.7**
- 測度 (measure) ➡ **定義 1.9**
- 測度空間 (measure space) ➡ **定義 1.9**
- 可測 (measurable) ➡ **定義 1.7**

- 確率空間 (probability space) ➡ **定義 1.12**
- 確率（測度）(probability (measure)) ➡ **定義 1.12**
- 事象 (event) ➡ **1.1.3 項**

- ボレル集合 (Borel set) ➡ **定義 1.16**
- ルベーグ測度 (Lebesgue measure) ➡ **定理 1.5，定義 1.18**
- ルベーグ可測 (Lebesgue measurable) ➡ **定義 1.18**
- 測度空間の完備性 (completeness) ➡ **定義 1.17**

第 **2** 章

# 積分と期待値

この章では，確率変数と期待値の概念を導入する．確率変数とは確率空間の上で定義された（よい）関数であり，期待値とは確率変数の（ルベーグ）積分にほかならない．

確率変数は初学者にとって意味がわかり難い概念でもある．そのため，確率変数をどのように用いるのか，詳しく解説する．

## 2.1　確率変数 — 確率の問題をどう設定するか

### 2.1.1　確率変数の定義

前章では，確率空間を通して確率が定義された．この節では，その確率空間の上で確率の「問題」を設定する，ということを定式化する．その鍵となる概念は以下で導入する確率変数である．

直観的には，確率変数とは確率的な現象を記述するための変数であるが，数学的には確率空間の上で定義された関数に過ぎない．ただし，その関数で記述される集合の確率を考える以上，その集合は事象でなくてはならない．この事情を正確に述べるために，まず可測関数の定義を準備する．

**定義 2.1　可測関数**　可測空間 $(S, \mathcal{F})$ と $(E, \mathcal{G})$ に対し，関数 $f : S \to E$ が ($\mathcal{F}$-) 可測である（可測関数である）とは，任意の $B \in \mathcal{G}$ に対し，$f$ によるその引き戻し

$$f^{-1}(B) = \{x \in S : f(x) \in B\}$$

が $\mathcal{F}$ に属することである．

そして，確率変数とは確率空間上で定義された可測関数にほかならない．

**定義 2.2　確率変数**　確率空間 $(\Omega, \mathcal{F}, P)$ と可測空間 $(E, \mathcal{G})$ に対し，$\Omega$ 上で定義された関数 $X : \Omega \to E$ が $\mathcal{F}$-可測であるとき，$X$ を確率変数という．

可測関数についても確率変数についても，実数 $\mathbb{R}$ または $n$ 次元ユークリッド空間 $\mathbb{R}^n$ に値をとる場合が多いし，重要でもある．このときは特に断らない限り，値をとる可測空間の $\sigma$-加法族としてボレル集合族が自然に期待されている．すなわち，$(\mathbb{R}, \mathcal{B}(\mathbb{R}))$ や $(\mathbb{R}^n, \mathcal{B}(\mathbb{R}^n))$ への関数だと考える．

また，特に実数値の可測関数や確率変数については，以下のように定義する場合もある．

**定義 2.3　可測関数，確率変数（実数値関数の場合）**　可測空間 $(S, \mathcal{M})$ に対し，$S$ 上で定義された実数値関数 $f : S \to \mathbb{R}$ が $\mathcal{M}$-可測（または単に，可測）であるとは，任意の $\lambda \in \mathbb{R}$ に対し，

$$\{x \in S : f(x) \leq \lambda\} \in \mathcal{M} \tag{2.1}$$

となることである．また，この $f$ を $(\mathcal{M}$-$)$ 可測関数であるともいう．

確率空間 $(\Omega, \mathcal{F}, P)$ 上の実数値関数 $X : \Omega \to \mathbb{R}$ についても，同じ条件

$$\{\omega \in \Omega : X(\omega) \leq \lambda\} \in \mathcal{F} \tag{2.2}$$

を満たすとき（実数値の）確率変数という．

可測関数や確率変数に要請される条件が (2.1) や (2.2) だけであることは，一見単純過ぎるようだが，実際これから，任意のボレル集合 $B$ に対して $\{x \in S : f(x) \in B\} \in \mathcal{M}$ が導けるので，必要十分である．

たとえば，$\{x \in S : f(x) \leq a\}$ を $\{f(x) \leq a\}$ のように略記すれば，

$$\begin{aligned}
\{f(x) > a\} &= \{f(x) \leq a\}^c \in \mathcal{M}, \\
\{f(x) < a\} &= \bigcup_{n=1}^{\infty} \left\{ f(x) + \frac{1}{n} \leq a \right\} \in \mathcal{M}, \\
\{f(x) = a\} &= \{f(x) \leq a\} \cap \{f(x) < a\}^c \in \mathcal{M}, \\
\{f(x) \in (a, b)\} &= \{f(x) \leq a\}^c \cap \{f(x) < b\} \in \mathcal{M}.
\end{aligned}$$

つまり，任意のボレル集合 $B$ の引き戻し $f^{-1}(B) = \{f(x) \in B\}$ が $\mathcal{M}$ に属する．

定義 2.2 では確率空間の $\sigma$-加法族が先に仮定されていたが，確率変数によって特定の問題を記述する，という立場では，確率変数に沿って $\sigma$-加法族を導入することもある．まず，確率変数から生成される集合族を以下のように定義する．

**定義 2.4　確率変数から生成された集合族**　確率空間 $(\Omega, \mathcal{F}, P)$ 上で定義された可測空間 $(E, \mathcal{G})$ に値をとる確率変数 $X : \Omega \to E$ に対し，集合族

$$\{X^{-1}(G) : G \in \mathcal{G}\} = \{\{\omega \in \Omega : X(\omega) \in G\} : G \in \mathcal{G}\}$$

を確率変数 $X$ から生成された集合族という．

確率変数の $\mathcal{F}$-可測性から，$X$ から生成された集合族は $\mathcal{F}$ の部分集合である．この集合族を用いて以下のように $X$ から $\sigma$-加法族を定義する．

**定義 2.5　確率変数から生成された $\sigma$-加法族**　確率変数 $X$ から生成された集合族はすでに自身 $\sigma$-加法族である（確認せよ）．これを，確率変数 $X$ から生成された $\sigma$-加法族であるといい，$\sigma[X]$ と書く．

生成された $\sigma$-加法族の定義の最小性の要請より，$\sigma[X] \subset \mathcal{F}$ である．よって，確率変数 $X$ で記述される事象のみを扱いたい場合には，$\mathcal{F}$ よりも $\sigma[X]$ を使う方が，必要十分という意味で効率的である．この立場から，確率空間と確率変数 $X$ を同時に設定し，確率空間の $\sigma$-加法族として $\sigma[X]$ をとることがある．

### 2.1.2　確率変数の意味

数学的には，確率変数とは確率空間上の可測関数に過ぎない．しかし，具体的な問題を考える上では，確率変数によって確率的な問題が 1 つ確率空間の上に実現される，という巧妙な仕組みである．確率変数は初学者にとって意味がわかり難い概念なので，本項でやや詳しく説明する．

確率空間の導入のところで触れたが，標本空間 $\Omega$ のとり方にはおおむね 2 通

りの立場がある．この事情は確率変数の使い方と密接に関係している．以下では具体例でこの事情を説明する．

1回のサイコロ投げの問題を考えよう．扱う事象としては，「4以上の目が出る」，「偶数の目が出る」などだろう．このような事象を記述するためには，標本空間として $\Omega = \{1,2,3,4,5,6\}$ をとり，$\sigma$-加法族をその部分集合全体の集合（族）として，適当に確率測度を定義すればよい．たとえばこのとき，「4以上の目が出る」という事象は，$\{\omega \in \Omega : \omega \geq 4\}$ と記述される．

しかし，この記述方法は標本空間に具体的過ぎる構造を持ち込んでいる．上の例ではサイコロの目を自然数として扱うつもりで，自然数1から6を標本空間の元にとり，期待される性質を標本空間自体に仮定している．また，サイコロ投げの結果に対して何か数学的な操作をしたいときに，自然に問題を記述できない．

そこで，以下のように確率変数を介在させる．標本空間を $\Omega = \{\omega_1, \omega_2, \ldots, \omega_6\}$ とし，$X(\omega_1) = 1$, $X(\omega_2) = 2, \ldots, X(\omega_6) = 6$ という関数 $X : \Omega \to \mathbb{R}$ を考える．この関数こそが「サイコロ投げ」の数学的表現である．$X$ によって，たとえば「4以上の目が出る」という出来事は $\{\omega \in \Omega : X(\omega) \geq 4\}$ のように記述される．このような出来事の確率を考える以上，これらが事象であるように $\sigma$-加法族が構成されていなければならず，それが「$X$ は確率変数である」ことにほかならない．

そのためには $\sigma$-加法族を十分大きくとるか（たとえば冪集合をとる），$X$ から生成すればよい．また，確率測度 $P$ は事象 $\{\omega_k\}$ $(k = 1,2,\ldots,6)$ に対して値を定めれば一意に決まる．

この確率変数の導入は一見すると冗長である．しかし，確率空間は確率概念を導入するためにあり，具体的な問題は確率変数によって記述する，というように「舞台」と「俳優（演劇）」を分けることで，見通しがよくなる．とはいえ依然として，確率の問題にあわせて確率空間を調整しなければならない．

ここまでが，確率的現象を確率空間に記述する「第1の立場」に属する．その特徴は，標本空間 $\Omega$ が考えたい問題で起こりうるすべての可能性の集合という，直観的な意味を持つことである．一方，「第2の立場」では「舞台」と「俳優」の区別をさらに明確にするため，標本空間 $\Omega$ を任意にとる．この $\Omega$ は十分大きい必要はあるが，単に抽象的な集合である．

そして，任意の $\omega \in \Omega$ に対して，$X(\omega)$ は $1,2,\ldots,6 \in \mathbb{R}$ のいずれかの値

をとる確率変数 $X$ を考え，$X$ から生成された $\sigma$-加法族 $\sigma[X]$ をとる．$\sigma[X]$ は $\{X^{-1}(\{k\}) : k = 1, 2, \ldots, 6\}$ という集合族で生成される．この上の確率測度も $P(X^{-1}(\{k\}))$ の値を適当に定めることで決まる．

この確率空間 $(\Omega, \sigma[X], P)$ は本質的に，上で2種類の方法で定義したものと同じである．しかし，上の方法では6つの元からなる集合という構造を持っていたが，こちらの $\Omega$ は十分に大きいという以外，何ら構造が期待されていない．つまり，標本空間自体は，考える個別の問題とは無関係にアプリオリに存在し，ランダムネスだけを提供する．

直観的にいえば，標本空間の点を1つ定めることで，確定的な世界が1つ決まる．そして，確率変数を定めることで，その世界の何に注目するかが決まる．たとえば，上で定義したサイコロの目の確率変数は，$\omega \in \Omega$ に対して，その世界でサイコロの目が何かを答える関数である．

こちらの立場では，$\Omega$ は考えようとしている個別の問題とは関係なく，あらゆる確率的な問題の背後にあるランダムネスの源泉としての，あまねくすべての可能性を表現する集合であり，そして確率変数がその標本空間に1つの問題の意味を与える．

以上の2つの態度は，数学的には同じことであるが，実際に問題を記述するときには，それぞれに長所と短所がある．それを適宜使い分ける人もいるし，どちらかの立場にこだわる人もいる．

## 2.2　期待値 — （ルベーグ）積分の定義

### 2.2.1　ルベーグ積分のアイデアと単関数

この節では（実数値）確率変数の期待値を定義する．期待値とは確率測度による確率変数のルベーグ積分にほかならない．

ルベーグ積分のアイデアをみるために，実数の閉区間上で定義された非負実数値の連続関数 $f : [0, 1] \to [0, \infty)$ を例にとろう．この $f$ のグラフを描くと，リーマン積分とはこの $f$ で決まる曲線と $x$ 軸との間に挟まれた図形の「面積」にほかならない．ルベーグ積分についてもそれは同じである．しかし，そのアプローチの仕方に以下のような，単純ながら抜本的な差がある．

リーマン積分では関数の定義域である区間 $[0, 1]$ を小さな部分区間 $0 = t_0 < t_1 < t_2 < \cdots < t_n = 1$ に分割し，各部分区間 $[t_i, t_{i+1})$ 上で関数のグラフ

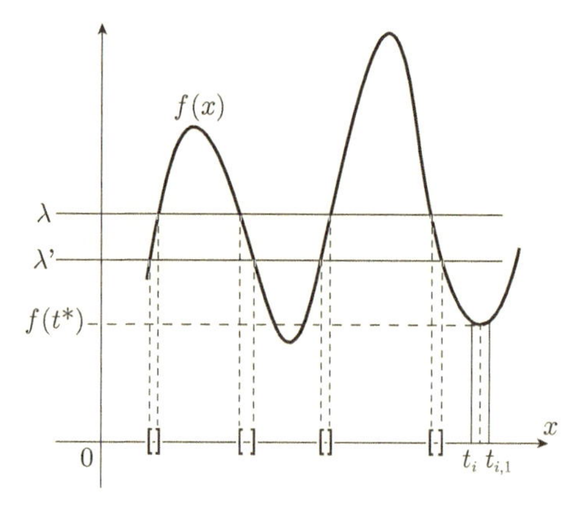


**図 2.1**　「縦切り」と「横切り」

の下にある面積を，この区間を底辺に，高さをこの区間上で $f$ のある代表値 $f(t^*)$ $(t^* \in [t_i, t_{i+1}))$ にもつ長方形の面積 $(t_{i+1} - t_i)f(t^*)$ で近似し，それを足しあわせて全体の面積を近似した．

一方，ルベーグ積分は定義域である $[0,1]$ を分割するのではなく，値域の $[0,\infty)$ の方を分割する（図 2.1）．これによって定義域 $[0,1]$ が複雑な図形に分割されるので，一見は不自然であるが，任意の $\lambda \in [0,\infty)$ に対し，

$$\{x \in [0,1] : f(x) \leq \lambda\}$$

という形の部分集合と可測性の関係を振り返ってみれば，まさにこれこそが，積分の概念を根底から組み立て直すために本質的なアイデアであることが想像される．かつ，この分割は関数の値の大きさで近似を制御できることにほかならず，これによって積分のさまざまな性質が自然な条件から導かれるのである．

以上の観点から，ルベーグ積分を定義するために，まず単関数の概念を用意し，その特別な場合に積分を定義する．単関数とは有限個の値しかとらない可測関数であり，以下の定義関数の有限和で書ける．

**定義 2.6　定義関数**　測度空間 $(S, \mathcal{M}, \mu)$ 上で定義された実数値関数で，可測集合 $B \in \mathcal{M}$ に対し，以下のように定義されるものを（集合 $B$ の）定義関数といい，$\mathbf{1}_B(x)$ と書く．

$$\mathbf{1}_B(x) = \begin{cases} 0 & (x \notin B \text{ のとき}), \\ 1 & (x \in B \text{ のとき}). \end{cases}$$

任意の実数 $a \in \mathbb{R}$ について集合 $\{\mathbf{1}_B(x) \leq a\}$ は $\emptyset, B^c, \Omega \in \mathcal{M}$ のどれかだから，定義関数は可測である．

**定義 2.7　単関数**　測度空間 $(S, \mathcal{M}, \mu)$ 上で定義された実数値関数 $f: S \to \mathbb{R}$ が，有限個の値 $a_1, \ldots, a_n$ と非交差的な可測集合 $B_1, \ldots, B_n \in \mathcal{M}$ を用いて以下のように書けるとき，$f$ を単関数もしくは単純関数であるという．

$$f(x) = \sum_{j=1}^{n} a_j \mathbf{1}_{B_j}(x).$$

単関数 $f$ と任意の $a \in \mathbb{R}$ について集合 $\{f(x) \leq a\}$ は，可測集合 $B_1, \ldots, B_n$ とその補集合と和集合で書けて可測集合だから，単関数も可測関数である．また，単関数と単関数の和も積も再び単関数であることも明らか．

ルベーグ積分を定義する戦略は，単関数に対して積分を定義しておいて，一般の関数については単関数による近似の極限で積分を定義することである．まず，単関数の積分は以下のように与える．

**定義 2.8　単関数の積分**　測度空間 $(S, \mathcal{M}, \mu)$ 上の単関数

$$f(x) = \sum_{j=1}^{n} a_j \mathbf{1}_{B_j}(x) \quad (a_j \in \mathbb{R}, B_j \in \mathcal{M})$$

に対し，その積分を以下で定義する．

$$\int_S f(x)\, \mu(dx) = \sum_{j=1}^{n} a_j\, \mu(B_j).$$

ある単関数を別の集合の組 $\{B'_j\}$ で表現することも可能なので，上の「定義」

はまだきちんと定義の体をなしていない[1]．つまり，上の定義による積分の値が単関数の表現によらず 1 つに決まることを示す必要がある（ほぼ明らかではあるが）．これは単関数について積分の線形性が成り立つことからも保証される．

**定理 2.1**　測度空間 $(S, \mathcal{M}, \mu)$ 上の 2 つの単関数 $f, g$ と任意の実数 $a, b \in \mathbb{R}$ について，以下が成立する．

$$\int_S \{a\, f(x) + b\, g(x)\}\, \mu(dx) = a \int_S f(x)\, \mu(dx) + b \int_S g(x)\, \mu(dx).$$

**演習問題 2.1**

上の定理 2.1 を証明せよ．

### 2.2.2　ルベーグ積分の定義と性質

一般の関数に対しては，単関数による近似の極限で積分を定義したい．まず一般の関数が単関数で近似できることを示す．

**定理 2.2　可測関数の単関数による近似**　測度空間 $(S, \mathcal{M}, \mu)$ 上の非負の可測関数 $f : S \to [0, \infty)$ に対し，各点 $x \in S$ で単調増加[2]に $f(x)$ に収束するような，非負の単関数の列 $\{f_n\}_{n \in \mathbb{N}}$ が存在する．

**証明**　値域の $[0, \infty)$ を $n$ 以上と $n$ 未満に分け，さらに後者の $[0, n)$ を $n2^n$ 個に等分割する．すなわち，$a_j = j/2^n$ として，

$$0 = a_0 < a_1 < \cdots < a_{n2^n - 1} < a_{n2^n} = n$$

と分点をとる．部分区間の幅がそれぞれ $1/2^n$ であることに注意せよ．

部分区間 $[(j-1)/2^n, j/2^n)$ においては $f(x)$ の値を $(j-1)/2^n (\le f(x))$ で，$[n, \infty)$ においては $n (\le f(x))$ で代表させて，単関数による近似を以下の

[1] このような事情を数学業界の方言で，「定義が “well-defined” でない」という．

[2] $f_n(x) \le f_{n+1}(x)$ であること．これを広義単調増加や単調非減少という流儀もあるが，本書では単調増加の語を採用する．

ように作る.

$$f_n(x) = \sum_{j=1}^{n2^n} a_{j-1}\, \mathbf{1}_{\{a_{j-1} \le f < a_j\}}(x) + n\, \mathbf{1}_{\{f \ge n\}}(x).$$

構成より，常に $f_n(x) \le f(x)$ であることは明らか．また，$n$ が大きくなると値域の分割がより細かくなり，各部分区間で $f(x)$ により近い値を近似値としてとれるから，各点 $x$ において $f_n(x) \le f_{n+1}(x)$ である．さらに，$f(x) < n$ においては $f(x) - f_n(x) < 1/2^n$ であり，$f(x) \ge n$ においては $f_n(x) = n$ だから，$n \to \infty$ のとき $f_n(x)$ は $f(x)$ に収束する．■

非負の可測関数 $f$ に対して，以上のように構成した単関数による近似列 $\{f_n\}$ についてはその積分が定義されており，$f_n$ と積分の定義よりその値は単調増加するから（無限大に発散する場合も込めて）$n \to \infty$ での極限が存在する [3]．この極限値でもって，$f$ の積分を定義できる．

**定義 2.9　積分の定義（非負関数の場合）**　測度空間 $(S, \mathcal{M}, \mu)$ 上で定義された，非負の実数値をとる可測関数 $f$ に対して，各点 $x$ で単調増加し $f(x)$ に収束する非負単関数の列 $\{f_n\}_{n\in\mathbb{N}}$ をとり，それらの積分の $n \to \infty$ での極限で $f$ の積分を定義する．すなわち，

$$\int_S f(x)\, \mu(dx) = \lim_{n\to\infty} \int_S f_n(x)\, \mu(dx).$$

ただし，この定義では，単関数の場合と同様に，定理 2.2 の証明での具体的な $\{f_n\}$ の構成方法に依存せずに，1 通りに値が決まることが保証されていない [4]．すなわち，次の定理を示す必要がある．

**定理 2.3**　測度空間 $(S, \mathcal{M}, \mu)$ 上で定義された，各点で単調増加する非負の単関数の列 $\{f_n\}_{n\in\mathbb{N}}$ と $\{g_n\}_{n\in\mathbb{N}}$ について，各点 $x \in S$ で

$$\lim_{n\to\infty} f_n(x) = \lim_{n\to\infty} g_n(x)$$

ならば，

---

[3] 上に有界で単調増加する実数列が常に収束することは実数の基本的性質（定理 3.2）．

[4] 再び，定義が "well-defined" であることを示す問題である．

$$\lim_{n\to\infty}\int_S f_n(x)\,\mu(dx) = \lim_{n\to\infty}\int_S g_n(x)\,\mu(dx).$$

この証明はやさしいが，やや面倒なので省略する．

ここまでは，可測関数 $f$ に非負であるという仮定をおいてきたが，一般の可測関数についてはその値の正負で分けることで，以下のように積分が定義できる．まず，非負とは限らない一般の可測な実数値関数 $f: S \to \mathbb{R}$ に対し，

$$f_+(x) = \max\{f(x), 0\}, \quad f_-(x) = -\min\{f(x), 0\}$$

と定める．（max は 2 つの値の小さくない方，min は大きくない方.）

$f_+, f_-$ がどちらも非負の関数であること，可測であること，また，$f(x) = f_+(x) - f_-(x)$ であることは定義から明らかだろう．

上の定義 2.9 では積分の値は無限大になりうるので，以下のように定義しておく．

**定義 2.10　可積分性**　測度空間 $(S, \mathcal{M}, \mu)$ 上の実数値関数 $f: S \to \mathbb{R}$ に対して，その絶対値の積分が有限，すなわち，

$$\int_S |f(x)|\,\mu(dx) < \infty$$

ならば，$f$ は $\mu$-可積分（もしくは単に可積分）であるという．

$f$ が可積分ならば $f_+, f_-$ もそれぞれ可積分だから，$f$ の積分を以下のように定義できる．

**定義 2.11　積分の定義**　測度空間 $(S, \mathcal{M}, \mu)$ 上の実数値関数 $f: S \to \mathbb{R}$ が可積分であるとき，その積分を

$$\int_S f(x)\,\mu(dx) = \int_S f_+(x)\,\mu(dx) - \int_S f_-(x)\,\mu(dx)$$

で定義する．

このように定義した積分に対して，以下の自然な性質が成り立つ．証明は省略するが，単関数による近似ではこれらの性質が成り立っているので，その極限をとればよい．

**定理 2.4** 測度空間 $(S,\mathcal{M},\mu)$ 上の実数値関数 $f$ と $g$ が可積分ならば，実数 $a,b\in\mathbb{R}$ について，$af+bg$ も可積分であって，

$$\int_S (af(x)+bg(x))\,\mu(dx) = a\int_S f(x)\,\mu(dx) + b\int_S g(x)\,\mu(dx)$$

が成り立つ．また，各 $x\in S$ について $f(x)\le g(x)$ ならば，

$$\int_S f(x)\,\mu(dx) \le \int_S g(x)\,\mu(dx).$$

なお，空間 $S$ 全体の上の積分だけではなくて，ある可測集合 $B\in\mathcal{M}$ 上でだけ積分する，という記号を以下のように用意しておくと便利である．

$$\int_B f(x)\,\mu(dx) = \int_S \mathbf{1}_B(x)f(x)\,\mu(dx).$$

この特別な場合として，以下が成立することも注意しておく．

$$\int_B \mu(dx) = \int_S \mathbf{1}_B(x)\,\mu(dx) = \mu(B).$$

また，誤解がなければ，以下の右辺のように変数を省いて書くこともある．

$$\int f(x)\,\mu(dx) = \int f\,d\mu.$$

さらに，1.2.3 項で定義したルベーグ測度 $l(\cdot)$ に関する積分は標準的に用いられることから，リーマン積分の表示方法にならって，

$$\int f(x)\,l(dx) = \int f(x)\,dx$$

の右辺のように，測度を示す記号 $l(\cdot)$ を省略して書くことが多い．

上の定理 2.4 の応用と記号の練習を兼ねて，以下の定理を証明しておこう．よく用いられる重要な定理でもあるし，証明の技法も典型的である．

**定理 2.5** 測度空間 $(S,\mathcal{M},\mu)$ 上で定義された非負の実数値をとる可測関数 $f$ と可測集合 $A\in\mathcal{M}$ について，

$$\int_A f(x)\,\mu(dx) = 0$$

ならば，$f$ は集合 $A$ 上ほとんどいたるところ 0 である．つまり，

$$\mu(\{x\in A : f(x)\neq 0\}) = 0.$$

**証明**　可測集合 $A$ の部分集合 $A_n$ を

$$A_n = \{x \in A : f(x) > 1/n\}$$

で定義する．$f$ は可測関数だから，$A_n$ も可測である．また，$A_n \subset A$ だから $\mathbf{1}_{A_n} \leq \mathbf{1}_A$ に注意すれば，

$$\begin{aligned} 0 &= \int_A f(x)\,\mu(dx) = \int_S \mathbf{1}_A(x) f(x)\,\mu(dx) \geq \int_S \mathbf{1}_{A_n}(x) f(x)\,\mu(dx) \\ &= \int_{A_n} f(x)\,\mu(dx) \geq \int_{A_n} \frac{1}{n}\,\mu(dx) = \frac{1}{n}\,\mu(A_n) \geq 0. \end{aligned}$$

よって任意の $n$ について $\mu(A_n) = 0$ である．一方，

$$\{x \in A : f(x) > 0\} = \bigcup_{n=1}^{\infty} A_n$$

と書けるから，

$$\mu\left(\{x \in A : f(x) > 0\}\right) \leq \sum_{n=1}^{\infty} \mu(A_n) = 0. \ \blacksquare$$

### 2.2.3　期待値

本節のはじめに書いたように，期待値とは確率空間上のルベーグ積分にほかならない．つまり，以下が定義である．

**定義 2.12　期待値**　確率空間 $(\Omega, \mathcal{F}, P)$ 上の確率変数 $X$ が $P$-可積分であるとき，

$$E[X] = \int_\Omega X(\omega) P(d\omega)$$

と書いて，$E[X]$ を $X$ の期待値という．$X$ が $P$-可積分でないときには，期待値を持たない [5] という．

積分同様に期待値の場合にも，ある可測集合の上だけに制限した期待値の記号を以下のように用意しておくと便利である．

$$E[X; B] = E[\mathbf{1}_B X] = \int_\Omega \mathbf{1}_B(\omega) X(\omega)\, P(d\omega).$$

---

[5] 非負の確率変数の積分が無限大ならば，「期待値が無限大である」といったり，$E[X] = \infty$ と書いたりもする．

この特別な場合として，一般の積分と同じように，

$$E[1;B] = E[\mathbf{1}_B] = \int_\Omega \mathbf{1}_B(\omega)\,P(d\omega) = P(B)$$

が成り立ち，確率を期待値で表現する方法としてしばしば有用である．

確率変数が有限個もしくは可算無限個の値しかとらない離散的な場合には，実質的に積分は有限和もしくは可算無限個の実数の和で書けて，初等的な確率論での期待値の概念に一致することを注意しておく．

たとえば，(公平な) サイコロを 1 回振って出た目の示す数の賞金がもらえるという問題を例に挙げよう．これは確率空間で例 1.5 に挙げた「有限事象の確率空間」の特別な場合である．すなわち，$\Omega = A_1 \sqcup \cdots \sqcup A_6$ と直和に書けていて，確率変数 $X : \Omega \to \{1, 2, \ldots, 6\}$ に対し，$X^{-1}(\{i\}) = A_i\,(i = 1, 2, \ldots, 6)$ となっている．このとき，

$$\int_\Omega X(\omega)\,P(d\omega) = \sum_{i=1}^{6} iP(\{\omega : X = x_i\}) = \sum_{i=1}^{6} iP(A_i)$$

となる．つまり，確率変数 $X$ が有限もしくは可算無限個の値 $x_i$ をとり，それぞれの確率が $p_i$ で与えられているとき，期待値は (存在すれば)

$$E[X] = \sum_i x_i P(\{X = x_i\}) = \sum_i x_i p_i$$

である．ルベーグ積分は離散的な和で書けるときを特別な場合として含んでいるが，わかりやすさのために以下ではしばしば総和記号も用いる．

定義からすぐにわかる期待値の性質を挙げておく．

**定理 2.6　期待値の性質**　確率空間 $(\Omega, \mathcal{F}, P)$ 上で定義された実数値確率変数 $X$ と $Y$ について以下が成り立つ．

- $X, Y$ がそれぞれ期待値を持つならば，任意の $a, b \in \mathbb{R}$ に対し，以下が成り立つ．

$$E[aX + bY] = aE[X] + bE[Y].$$

- ほとんど確実に $X \geq Y$ ならば，$E[X] \geq E[Y]$ が成り立つ．特別な場合として，ほとんど確実に $X \geq 0$ ならば，$E[X] \geq 0$ である．

## 本章で導入された主な概念

- 可測関数 (measurable function) ➡ **定義 2.1，定義 2.3**
- 確率変数 (random variable) ➡ **定義 2.2，定義 2.3**

- 定義関数 (indicator function) ➡ **定義 2.6**
- 単関数 (simple function) ➡ **定義 2.7**
- 可積分 (integrable) ➡ **定義 2.10**
- ルベーグ積分 (Lebesgue integral) ➡ **定義 2.8，定義 2.9，定義 2.11**
- 期待値 (expectation) ➡ **定義 2.12**

# 第3章

# 収束と極限のおさらい

これまでの章でも，$\lim_{n\to\infty} a_n$ のような収束と極限の概念を当然のように使ってきた．おおまかには「$n$ が無限大に近づくとき $a_n$ がある値に無限に近づいていく」ということであり，応用上はこの程度の理解で用が済む場合もあるが，しばしば厳密な定義と議論が必要になる．

その典型的な場合が，極限操作の順序交換が可能か，という問題である．本書では次章で，ルベーグ積分論の強力な応用として，関数列の極限と積分は交換可能か，逐次積分の積分順序は交換可能かなどを議論する．

また，極限の存在は本質的に空間の（基礎としては実数の）「連続性」や「完備性」の概念に結びつく．これは関数からなる空間の中での議論に頻繁に現れ，本書でもその入門を第 6 章で扱う．

本章ではその前提知識として，収束と極限の概念について簡単に復習しておく．数列の収束と極限，実数の連続性と完備性，上極限と下極限などについて理解している読者は，記号の確認程度に読み流してよい [1]．

## 3.1 最大値と最小値，上限と下限

まず，最大値 (“max”) と上限 (“sup”) の違いの確認からはじめよう．

**定義 3.1 最大値と最小値** 実数 $\mathbb{R}$ の部分集合 $X$ とその要素 $\overline{x} \in X$ に対し，任意の $x \in X$ について $x \le \overline{x}$ が成り立っているとき，$\overline{x}$ を $X$ の最大値といい，$\max X$ と書く．同様に，ある要素 $\underline{x} \in X$ に対し，任意の $x \in X$ について $\underline{x} \le x$ が成り立っているとき，$\underline{x}$ を $X$ の最小値といい，$\min X$ と書く．

上限と下限を定義するために，まず有界性の概念を準備する．

---

[1] より詳しい情報を求める読者には，信頼できる参考書として杉浦 [11] と小平 [6] を薦めておく．前者は非常に詳しく，後者はより読みやすい．

**定義 3.2　上界と下界**　$\mathbb{R}$ の部分集合 $X$ に対し，任意の $x \in X$ について $x \leq u$ となる $u \in \mathbb{R}$ が存在するとき，$X$ は上に有界であるといい，$u$ を $X$ の上界と呼ぶ．同様に，常に $x \geq l$ となるような $l \in \mathbb{R}$ が存在するとき，$X$ は下に有界であるといい，$l$ を $X$ の下界と呼ぶ．上にも下にも有界な場合は，単に有界という．

上界と下界にはそれぞれ最小値と最大値が存在し，それが上限と下限である．以下のように「定理」の形で書いておく．

**定理 3.1　上限と下限の存在**　$\mathbb{R}$ の空でない部分集合 $X$ が上に有界であるとき，上界 $u$ 全体の集合に最小値 $u^*$ が存在する．この $u^*$ を $X$ の上限といい，$u^* = \sup X$ と書く．同様に，$X$ が下に有界のとき，下界全体の集合に最大値が存在する．これを $X$ の下限といい，$\inf X$ と書く．

この定理は実数の連続性を表す公理，たとえば「デデキント切断の公理」から導くこともできるが，これ自体を公理とすることもあるほど本質的かつ基礎的なので，証明は省略する．

有界な集合には上限と下限が必ず存在するが，最大値と最小値は（有界であっても）必ずしも存在しない．たとえば，開区間 $(0,1) = \{x \in \mathbb{R} : 0 < x < 1\}$ には，どの要素に対しても，それより大きい要素と小さい要素が $(0,1)$ 内に存在するので，最大値も最小値も存在しない．しかし上限は存在して 1, 下限は 0 である．

上の最大値，最小値，上限，下限の概念は実数の部分集合に関して定義されているが，実数列 $a_1, a_2, a_3, \cdots$ についても，集合 $\{a_n : n \in \mathbb{N}\} \subset \mathbb{R}$ と考えることで同様に定義される．この場合は，集合の記号を使わず，

$$\max_n a_n, \quad \min_n a_n, \quad \sup_n a_n, \quad \inf_n a_n$$

のように書くこともある．max や sup の記号の下の $n$ は，添え字 $n$ について最大値や上限をとる，という意味である．同様に，集合 $X$ 上で定義された実数値の関数 $f(x)$ についても，集合 $\{f(x) \in \mathbb{R} : x \in X\}$ を考えることで，最大値や上限を

$$\max_{x \in X} f(x), \quad \min_{x \in X} f(x), \quad \sup_{x \in X} f(x), \quad \inf_{x \in X} f(x),$$

などと書く.

また，そもそも集合，数列，関数列が上に有界でないときは上限が「無限に大きい」と解釈して，$\sup X = \infty$ と書いたり，逆に下に有界でないときは $\inf X = -\infty$ と書くことがある.

## 3.2 収束と極限

以上の準備のもと，収束と極限の定義を与える.

**定義 3.3 実数列の収束と極限** $\{a_n\}_{n \in \mathbb{N}}$ を実数値の数列，$a^*$ を実数とする．任意の実数 $\varepsilon > 0$ に対してある自然数 $N = N(\varepsilon)$ が存在して，

$$m > N \quad \text{ならば} \quad |a_m - a^*| \leq \varepsilon$$

となるとき,

$$\lim_{n \to \infty} a_n = a^*$$

と書いて，数列 $\{a_n\}$ は $n \to \infty$ のとき $a^*$ に収束する，という．また，$a^*$ をその極限（値）という.

この定義に用いられている表現は初学者にはわかり難いかも知れない．その意味は，十分に $n$ が大きい $a_n$ はすべて $a^*$ の近くに集まっており，また，この $a^*$ への近さをどんなに狭められても $n$ さえ大きくとればよい，ということである．直接に無限の彼方を記述することはできないため，「いかに小さくされても」とか「いくらでも大きくとれば」のような可能性の言葉で，無限を表現しているのである．この表現は論理的には「任意の」と「存在」で記述されるから，厳密な論理で無限の議論を扱える.

上の定義を満たすような $a^*$ があれば，それを極限と呼ぶのだったから，無限数列に対して極限があるかどうかが問題になる．基本になる性質として「有界単調数列の収束」と「コーシー列の収束」との 2 つを挙げておく．どちらも実数の「連続性」の本質的な性質であり，公理として採用する場合もあるが，同様に本質的なほかの性質（たとえば「上限の存在」定理 3.1）から導くこともできる．本書ではどちらも証明は省略して，実数の連続性の本質的な性質として

認める．

**定理 3.2　有界単調数列の収束**　実数列 $\{a_n\}_{n\in\mathbb{N}}$ が単調増加，つまり，$a_1 \leq a_2 \leq a_3 \leq \cdots$ であって，上に有界ならば，極限値を持つ．実際，$n \to \infty$ のとき，その上限 $\sup a_n$ に収束する．同様に，単調減少で下に有界ならば極限値を持ち，下限 $\inf a_n$ に収束する．

**定理 3.3　コーシー列の収束**　実数列 $\{a_n\}_{n\in\mathbb{N}}$ について，任意の $\varepsilon > 0$ に対し，ある $N \in \mathbb{N}$ が存在して，$n, m > N$ ならば $|a_n - a_m| < \varepsilon$ が成立するとき，$\{a_n\}_{n\in\mathbb{N}}$ はコーシー列であるという．コーシー列であることは，$n \to \infty$ のとき極限値を持つための必要十分条件である．

数列が収束しない場合を以下のように分類し名づける．

**定義 3.4　実数列の発散**　実数列 $\{a_n\}_{n\in\mathbb{N}}$ が収束しないとき，$\{a_n\}$ は発散するという．数列が発散する場合は以下の 3 つのいずれかである．

- 任意の $K > 0$ に対し，ある $N \in \mathbb{N}$ が存在して，任意の $n > N$ について $a_n > K$ が成り立つとき，$\{a_n\}$ は（正の）無限大に発散するといい，$\lim_{n\to\infty} a_n = \infty$ と書く．
- $b_n = -a_n$ によって定義した数列 $\{b_n\}_{n\in\mathbb{N}}$ が無限大に発散するとき，$\{a_n\}$ は負の無限大に発散するといい，$\lim_{n\to\infty} a_n = -\infty$ と書く．
- $\{a_n\}$ が極限を持たず，無限大に発散せず，負の無限大に発散もしないときには，振動するという．

数列の収束の精密な議論には，以下の上極限と下極限の概念が便利である．

**定義 3.5 上極限と下極限** 実数列 $\{a_n\}_{n\in\mathbb{N}}$ の上極限 $\limsup a_n$，下極限 $\liminf a_n$ を以下で定義する．

$$\limsup_n a_n = \inf_n \left\{ \sup_{n\le m} \{a_m\} \right\}, \quad \liminf_n a_n = \sup_n \left\{ \inf_{n\le m} \{a_m\} \right\}.$$

$\sup_{n\le m} \{a_m\}$ は，$n$ 番目から先の数列の集合の上限だから $n$ について単調減少である．よって，上の有界単調数列の収束定理（定理 3.2）より，$\infty$，$-\infty$ を値として許せば必ず極限値を持つ．ゆえにこの意味で上極限は必ず存在し，同様に下極限も常に存在する．よって，極限のように存在するかどうかを気にせずに操作できる．

また，この定義より，上極限と下極限の値が一致するとき数列が極限を持ち，その値が極限値であることもわかる．ゆえに，上極限と下極限の両側から考えることで極限を調べられる．

第 4 章

# 道具としての積分論：収束定理とフビニの定理

ルベーグ積分論の素晴らしさの 1 つは実用性である．リーマン積分の枠組みでは，どんなときに関数列の収束と積分が交換できるのか，逐次積分の積分順序を交換できるのかなどが，煩わしく繊細な問題だった．しかし，ルベーグ積分では簡単で自然な条件でこのような交換が保証できる．

ところで，リーマン積分とルベーグ積分が異なるなら，もちろんこのような御利益は制限されてしまう．そのため，最後の節でルベーグ積分がリーマン積分の拡張であることを確認する．

## 4.1 収束定理 — 極限と積分の交換はいつ可能か

### 4.1.1 関数列の収束：各点収束と概収束

ルベーグ積分における収束定理とは，関数列の極限と積分の順序交換を保証する定理である．収束定理を説明する前に，準備として関数列の収束の概念について整理しておく．実数列の収束とは異なって関数列の収束にはいろいろな意味が考えられるが，収束定理における関数列の収束は，以下のシンプルな「各点収束」または「概収束」の意味である．

**定義 4.1　各点収束と概収束**　集合 $S$ 上の実数値関数の列 $\{f_n\}_{n\in\mathbb{N}}$ が $n\to\infty$ のときに関数 $f$ に各点収束するとは，任意の $x\in S$ について

$$\lim_{n\to\infty} f_n(x) = f(x)$$

となることである．

また，測度空間 $(S,\mathcal{M},\mu)$ 上の実数値可測関数の列 $\{f_n\}_{n\in\mathbb{N}}$ が $n\to\infty$ のときに関数 $f$ に $\mu$-概収束（または単に概収束），もしくは $\mu$-a.e. 収束（または単に a.e. 収束）するとは，ほとんどいたるところで各点収束すること，つまり，

「ある零集合 $N$ に対し，任意の $x\in S\setminus N$ で $\{f_n(x)\}$ が $f(x)$ に収束

する」
となることである．これを簡単に，

$$\lim_{n\to\infty} f_n = f, \quad \text{a.e.}$$

とも書く．

零集合はルベーグ積分の値に影響しないから，以下のすべての収束定理は各点収束のみならず概収束の意味でも成立する．ただし，毎回概収束について断るのが煩わしいので，定理の主張や証明は各点収束の意味で書く．

応用でも関数の近似列をとって議論をすることが多いが，当然のように極限が存在すると仮定してしまっていることがある．しかし，一般には極限が存在するとは限らない．したがって，極限が存在することを保証するか，または関数列の上極限と下極限を用いることになる．

**定義 4.2　関数列の上極限，下極限，上限，下限**　集合 $S$ 上の実数値関数の列 $\{f_n\}_{n\in\mathbb{N}}$ の上極限 $\limsup_{n\to\infty} f_n$，下極限 $\liminf_{n\to\infty} f_n$ とは，各点 $x \in S$ に対し，以下のように上極限，下極限を対応させる関数である [1]．

$$\limsup_{n\to\infty} f_n : x \mapsto \limsup_{n\to\infty} f_n(x), \quad \liminf_{n\to\infty} f_n : x \mapsto \liminf_{n\to\infty} f_n(x).$$

また，関数列 $\{f_n\}_{n\in\mathbb{N}}$ の上限 $\sup_n f_n$，下限 $\inf_n f_n$ とは，各点 $x \in S$ に対し，以下のように上限，下限を対応させる関数である．

$$\sup_n f_n : x \mapsto \sup_n \{f_n(x)\}, \quad \inf_n f_n : x \mapsto \inf_n \{f_n(x)\}.$$

第3章でみたように，数列の上限，下限，上極限，下極限は常に存在するのだったから，関数列の場合にも常に存在する．また，上極限と下極限が一致するとき極限が存在してその値に等しいことも，定義からただちに従う．

可測集合の性質と可測関数の定義から，以下のような関数列の極限の関数の可測性が簡単に確認できる．

[1] "$x \mapsto g(x)$" は値 $x$ を値 $g(x)$ に対応させることを示す記号．

**定理 4.1 関数列の極限の可測性** 実数値可測関数の列 $\{f_n\}_{n\in\mathbb{N}}$ に対して，その上限 $(\sup f_n)$，下限 $(\inf f_n)$，$n \to \infty$ のときの上極限 $(\limsup f_n)$，下極限 $(\liminf f_n)$，（存在すれば）極限 $(\lim f_n)$ はすべて可測関数である．

以上の関数列の収束はどれも各点収束（概収束）の意味だったが，関数列の収束にはさまざまなものがあり，特に確率論では確率変数のいろいろな意味での収束とその関係が重要である．関数空間のノルムに関する収束については 6.2.2 項，確率論におけるさまざまな収束については 7.1.7 項で触れる．

### 4.1.2 単調収束定理とファトゥの補題

ルベーグ積分論の成果であるさまざまな収束定理の中でも，単調収束定理が基本的である．以下の「無限級数と積分の交換」定理は単調収束定理と同値だが，それ自体興味深く応用上も便利な定理なので先に示すことにする．定理がほとんど無条件に成立することに注意されたい．

**定理 4.2 関数列の無限和と積分の交換** 測度空間 $(S, \mathcal{M}, \mu)$ 上で定義された非負実数値をとる可測関数の列 $\{f_n\}_{n\in\mathbb{N}}$ に対し，以下が成立する．つまり，無限和と積分の操作が交換できる．

$$\int_S \sum_{n=1}^{\infty} f_n(x)\,\mu(dx) = \sum_{n=1}^{\infty} \int_S f_n(x)\,\mu(dx).$$

この等式は両辺が無限大の場合にも成立する．

単関数による近似と積分の定義だけから自然に定理が導出されることを示すため，証明を与えておく（事実上，単調収束定理 4.3 の証明でもある）．

**証明** $s(x) = \sum_{n=1}^{\infty} f_n(x)$ は可測関数の和の極限だから可測であり，左辺の積分は定義できる．また有限和 $s_m(x) = \sum_{n=1}^{m} f_n(x)$ は各 $f_n$ が非負であることより，$s_m(x) \leq s(x)$ だから，

$$\sum_{n=1}^{m} \int_S f_n(x)\,\mu(dx) = \int_S s_m(x)\,\mu(dx) \leq \int_S s(x)\,\mu(dx)$$

であり，左辺で $m \to \infty$ とすれば，

$$\sum_{n=1}^{\infty} \int_S f_n(x)\,\mu(dx) \le \int_S s(x)\,\mu(dx) = \int_S \sum_{n=1}^{\infty} f_n(x)\,\mu(dx).$$

よって，この逆向きの不等式を示せばよい．

各 $f_n$ に収束する単関数の単調増加列 $\{f_{n,(m)}\}_{m\in\mathbb{N}}$ をとる．つまり，

$$f_{n,(1)}(x) \le f_{n,(2)}(x) \le \cdots \le f_n(x), \quad \lim_{m\to\infty} f_{n,(m)}(x) = f_n(x).$$

この $\{f_{n,(m)}\}$ を用いて，有限和 $s_m(x)$ を近似する $\sigma_m(x)$ を

$$\sigma_m(x) = \sum_{n=1}^{m} f_{n,(m)}(x)$$

と定義する．$\sigma_m(x)$ は定義より $m$ について単調増加する単関数の列で，しかも $m \to \infty$ のとき $s(x) = \lim_{m\to\infty} s_m(x) = \sum_{n=1}^{\infty} f_n(x)$ に収束する．ゆえに，$s(x)$ の積分の定義より，

$$\int_S s(x)\,\mu(dx) = \lim_{m\to\infty} \int_S \sigma_m(x)\,\mu(dx)$$

だが，$\sigma_m(x) \le s_m(x)$ だったから，

$$\lim_{m\to\infty} \int_S \sigma_m(x)\,\mu(dx) \le \lim_{m\to\infty} \int_S \sum_{n=1}^{m} f_n(x)\,\mu(dx).$$

これで目標の不等式が示せた．■

次の単調収束定理がさまざまな収束定理の中でも基本になる．

**定理 4.3　単調収束定理**　測度空間 $(S, \mathcal{M}, \mu)$ 上で定義された非負実数値をとる可測関数の列 $\{f_n\}_{n\in\mathbb{N}}$ が単調増加列であるとき，つまり，任意の $n$ と $x$ について $(0 \le) f_n(x) \le f_{n+1}(x)$ が成立しているとき，関数列の極限と積分は交換可能である．つまり，

$$\lim_{n\to\infty} \int_S f_n(x)\,\mu(dx) = \int_S \lim_{n\to\infty} f_n(x)\,\mu(dx)$$

が成り立つ．この等式は両辺が無限大である場合も含んで成立する．

この定理は先述の無限和との交換の定理 4.2 と同値である．実際，単調増加する $f_n$ に対して，$g_n = f_n - f_{n-1}$ かつ $f_0(x) = 0$ とおけば，$f_n = \sum_{j=1}^{n} g_j$ と書けることからただちにわかる．

また以下に紹介するさまざまな収束定理の証明も省略するが，どれも単調収束定理や次の「ファトゥの補題」を用いることで少々の手間だけで示せてしまうところが，ルベーグ積分の威力である．

**定理 4.4 ファトゥ (Fatou) の補題（定理）** 測度空間 $(S, \mathcal{M}, \mu)$ 上で定義された非負実数値をとる可測関数の列 $\{f_n\}_{n\in\mathbb{N}}$ について，以下の不等式が成り立つ．

$$\int_S \liminf_{n\to\infty} f_n(x)\,\mu(dx) \leq \liminf_{n\to\infty} \int_S f_n(x)\,\mu(dx).$$

ファトゥの補題は下極限に関する主張なので応用上直接用いることは少ないかも知れないが，さまざまな収束定理の証明に便利な補題である．証明を直接に与えることも難しくないし，また単調収束定理の系としても示せる．

### 4.1.3 優収束定理と有界収束定理

収束定理の中で最も多く用いられるのは，以下の優収束定理とその特別な場合である有界収束定理だろう．優収束定理は「ルベーグの優収束定理」または単に「ルベーグの収束定理」とも呼ばれる．

**定理 4.5 優収束定理** 測度空間 $(S, \mathcal{M}, \mu)$ 上で定義された可測関数の列 $\{f_n\}_{n\in\mathbb{N}}$ が $f(x) = \lim_{n\to\infty} f_n(x)$ に各点収束しているとき，任意の $x \in S$ と $n \in \mathbb{N}$ について

$$|f_n(x)| \leq g(x)$$

となるような，同測度空間上の $\mu$-可積分な関数 $g$ が存在するならば，関数列の極限と積分は交換可能である．つまり，

$$\lim_{n\to\infty} \int_S f_n(x)\,\mu(dx) = \int_S \lim_{n\to\infty} f_n(x)\,\mu(dx)$$

となる．

上の優収束定理で測度を有限とし，$g(x)$ を定数にした特別な場合が以下の有界収束定理である．その意味では優収束定理の系に過ぎず，適用範囲も狭くな

るが，条件のチェックが簡単で便利である．

**定理 4.6　有界収束定理**　測度空間 $(S, \mathcal{M}, \mu)$ の測度 $\mu$ が有限測度で，この上の可測関数の列 $\{f_n\}_{n\in\mathbb{N}}$ が $f(x) = \lim_{n\to\infty} f_n(x)$ に各点収束しているとき，任意の $x \in S$ と $n \in \mathbb{N}$ について

$$|f_n(x)| < M$$

となる定数 $M > 0$ が存在するならば，関数列の極限と積分は交換可能である．つまり，

$$\lim_{n\to\infty} \int_S f_n(x)\,\mu(dx) = \int_S \lim_{n\to\infty} f_n(x)\,\mu(dx)$$

となる．

上の定理 4.6 の有界条件は，関数列 $\{f_n\}$ の各 $f_n$ が有界であるばかりか，$n$ によらずどれも同じ定数 $M$ で有界である，という意味で単なる有界性より強い．これを「一様有界性」という．つまり，有界収束定理は，有限測度空間において各点収束する関数列が一様有界ならば極限と積分は交換可能，とまとめられる．

上の 2 つの定理は証明を省略したが，理解を助けるため，定理が成立しない例，つまり仮定を満たさない例を挙げておく．

**例 4.1　収束定理が成立しない例**　$[0,1]$ 区間，ボレル集合族，ルベーグ測度による測度空間を考える．この上で以下のように関数列 $\{f_n\}$ を定義する．

$$f_n(x) = \begin{cases} n, & (0 < x < 1/n \text{ のとき}), \\ 0, & (x = 0 \text{ か } 1/n \le x \text{ のとき}). \end{cases}$$

どの点 $x \in [0,1]$ においても十分 $n$ が大きければ $f_n(x) = 0$ になるから，この $f_n(x)$ は $n \to \infty$ のとき恒等的に 0 である定数関数 $f \equiv 0$ に各点収束している．一方で，

$$\int_S f_n(x)\,dx = \left(\frac{1}{n} - 0\right) \cdot n = 1$$

であるから，

$$\lim_{n\to\infty}\int_S f_n(x)\,dx = 1 \neq 0 = \int_S \lim_{n\to\infty} f_n(x)\,dx$$

となって極限と積分の交換は成立しない．

実際，$n$ を大きくすれば $0$ の近くで $f_n(x)$ の値はいくらでも大きくなるから，$\{f_n\}$ は一様有界ではない．また，$n$ によらず $\{f_n\}$ より大きい関数 $g$ があれば，それは $[1/(n+1), 1/n)$ 区間上では $n$ より大きくなくてはならず，

$$\sum_{n=1}^{\infty}\left(\frac{1}{n}-\frac{1}{n+1}\right)\cdot n = \sum_{n=1}^{\infty}\frac{n+1-n}{n(n+1)}\cdot n = \sum_{n=1}^{\infty}\frac{1}{n+1} = \infty$$

となるから，定理 4.5 の仮定のような可積分関数 $g$ は存在しない．

### 4.1.4 微分との交換

理論上も応用上も，問題となる量が積分で表現されていて，そのパラメータを微分してふるまいを調べたいことがよくある．このとき微分と積分が交換可能ならば，被積分関数の微分に帰着できて都合がよい．つまり，

$$\frac{d}{dt}\int_S f_t(x)\,\mu(dx) = \int_S \frac{d}{dt}f_t(x)\,\mu(dx)$$

のような計算がしたい．

リーマン積分の理論の枠組みではこの交換の保証は面倒だが，ルベーグ積分においては以下のように自然な条件で成立する．

**定理 4.7 微分と積分の交換** 開区間 $I = (a,b)$ と測度空間 $(S, \mathcal{M}, \mu)$ に対し，$I \times S$ 上定義された実数値関数 $f(t,x)$ が，各 $t \in I$ ごとに（$x \in S$ の関数として）$\mu$-可積分で，各 $x \in S$ ごとに（$t \in I$ の関数として）微分可能であり，かつ，$S$ 上の $\mu$-可積分な関数 $g(x)$ で任意の $t$ と $x$ について

$$\left|\frac{d}{dt}f(t,x)\right| \le g(x)$$

となるものが存在すると仮定する．このとき，$\int_S f(t,x)\,\mu(dx)$ は $t \in I$ の関数として微分可能で，以下のように微分と積分が交換できる．

$$\frac{d}{dt}\int_S f(t,x)\,\mu(dx) = \int_S \frac{d}{dt}f(t,x)\,\mu(dx).$$

この定理が優収束定理からただちに導かれる様子をみるため，証明を与える．

**証明**　$h = 1/n\,(n \in \mathbb{N})$ とおく．$t, t+h \in I$ に対し，

$$f_n(x) = \Delta_h f(x) = \frac{f(t+h,x) - f(t,x)}{h}$$

とおくと，平均値の定理より，

$$|f_n(x)| = |\Delta_h f(x)| = \left|\frac{df}{dt}(\theta, x)\right| \leq g(x)$$

となる $\theta \in [t, t+h]$ が存在する．よって，$\{\Delta_h f(x)\}_h = \{f_n(x)\}_n$ に優収束定理（定理4.5）を適用して，

$$\begin{aligned}\frac{d}{dt}\int_S f(t,x)\mu(dx) &= \lim_{n\to\infty} \Delta_h \int_S f(x)\mu(dx) = \lim_{n\to\infty}\int_S \Delta_h f(x)\mu(dx) \\ &= \lim_{n\to\infty}\int_S f_n(x)\mu(dx) = \int_S \lim_{n\to\infty} f_n(x)\mu(dx) \\ &= \int_S \frac{d}{dt} f(t,x)\mu(dx).\end{aligned}$$

（0に収束する一般の数列 $\{h_n\}$ についても同様．）■

## 4.2　フビニの定理 — 逐次積分の交換はいつ可能か

フビニの定理は，多重積分が逐次積分で計算できることと，逐次積分の積分順序が交換できることを自然な条件のもとで保証する．厳密な記述は以下の項で行うが，おおらかに書けば，

$$\int_{X\times Y} f(x,y)\,d(x,y) = \int_X \left\{\int_Y f(x,y)\,dy\right\} dx = \int_Y \left\{\int_X f(x,y)\,dx\right\} dy$$

のような計算を保証する定理である．ルベーグ積分では，特別な条件を課すことなく自然にこの関係が成り立つ．

### 4.2.1　直積測度空間と切断

複数の測度空間の「直積」が考えられると便利である．たとえば，1次元の（つまり直線や線分の上の）測度から $d$ 次元の測度を構成する場合や，1回のコイン投げのモデルから $n$ 回のコイン投げのモデルを構成する場合などである．特に2つの場合には以下がその定義で，3つ以上の場合も同様である．

まず一般に，2つの集合 $A, B$ の直積とは，任意の $a \in A$ と $b \in B$ の順序対[2] $(a,b)$ 全体の集合であり，$A \times B$ と書くことを思い出しておく．そして，以下のように2つの測度空間の「直積」を定義する．

[2] つまり，2つの要素 $a, b$ のペアであって，$(a,b)$ と $(b,a)$ は異なると考える．

**定義 4.3 直積 $\sigma$-加法族，直積測度** 2 つの測度空間 $(X, \mathcal{F}, \mu)$ と $(Y, \mathcal{G}, \nu)$ に対し，任意の $F \in \mathcal{F}, G \in \mathcal{G}$ の直積 $F \times G (\subset X \times Y)$ 全体のなす集合族 $\mathcal{A}$ から生成される $X \times Y$ 上の $\sigma$-加法族 $\sigma[\mathcal{A}]$ を直積 $\sigma$-加法族といい $\mathcal{F} \times \mathcal{G}$ と書く．

また可測空間 $(X \times Y, \mathcal{F} \times \mathcal{G})$ 上の測度 $m$ が，任意の $F \in \mathcal{F}, G \in \mathcal{G}$ に対し，

$$m(F \times G) = \mu(F)\nu(G)$$

を満たすとき $\mu$ と $\nu$ の直積測度と呼んで，$m = \mu \times \nu$ と書く．さらに，$(X \times Y, \mathcal{F} \times \mathcal{G}, \mu \times \nu)$ を測度空間 $(X, \mathcal{F}, \mu)$ と $(Y, \mathcal{G}, \nu)$ の直積測度空間という．

上のように定義はしたものの，直積測度が存在するか，また存在しても一意的かどうかは，まったく明らかでないことに注意せよ．実際，無条件には成り立たず，適当な仮定（たとえば 2 つの測度空間の $\sigma$-有限性）が必要である．一意的存在は通常，「拡張定理」（1.2.1 項参照）を用いて証明するが，本書では $\sigma$-有限性を仮定して，一意的存在を証明なしで認める．以下のフビニの定理でも $\sigma$-有限性の仮定をおく[3]．

直積の部分集合に対して，以下のように「切り口」を考える．

**定義 4.4 切り口** 集合 $X$ と $Y$ の直積 $X \times Y$ の部分集合 $E \subset X \times Y$ を考える．$x \in X$ と $y \in Y$ について，

$$E_x = \{y \in Y : (x, y) \in E\} (\subset Y),$$

$$E_y = \{x \in X : (x, y) \in E\} (\subset X)$$

で定義した $E_x$ を「$x \in X$ による $E$ の切り口（切断）」，$E_y$ を「$y \in Y$ による $E$ の切り口（切断）」という．

証明はやさしいが，切り口の可測性を確認しておく必要がある．

[3] この $\sigma$-有限性の条件は緩められるが，面倒な概念が必要になるし，$\sigma$-有限ですらない測度空間を扱うことは（少なくとも確率論においては）ほとんどない．

**定理 4.8　切り口の可測性**　可測空間 $(X \times Y, \mathcal{F} \times \mathcal{G})$ において，$X \times Y$ の部分集合 $E$ が可測，つまり $E \in \mathcal{F} \times \mathcal{G}$ ならば，$x \in X$ による切断 $E_x(\subset Y)$ は $\mathcal{G}$-可測で，$y \in Y$ による切断 $E_y(\subset X)$ は $\mathcal{F}$-可測である．

**証明**　$X \times Y$ の部分集合でこの主張が成立するようなもの全体を $\mathcal{H}$ と書く．つまり，

$$\mathcal{H} = \{E \subset X \times Y : E_x \in \mathcal{G}, E_y \in \mathcal{F}\}.$$

この $\mathcal{H}$ が $\mathcal{F} \times \mathcal{G}$ より大きいこと，つまり $\mathcal{F} \times \mathcal{G} \subset \mathcal{H}$ を示せれば十分．そのためには，$F \in \mathcal{F}$ と $G \in \mathcal{G}$ の直積集合 $F \times G$ が $\mathcal{H}$ に含まれることと，$\mathcal{H}$ 自体が $\sigma$-加法族であることの 2 つを示せばよい．なぜなら，$\mathcal{F} \times \mathcal{G}$ は $F \times G$ から生成される最小の $\sigma$-加法族だったから．

しかし，前者の主張は定義より明らかで，後者も写像 $(x,y) \mapsto x, (x,y) \mapsto y$ を考えればすぐに確認できる．■

上の切り口の可測性から，「切り口関数」の可測性もただちに導かれる．

**定理 4.9　切り口関数の可測性**　直積可測集合 $(X \times Y, \mathcal{F} \times \mathcal{G})$ 上の可測な実数値関数 $f(x,y)$ に対し，$x \in X, y \in Y$ について

$$f_x(y) : y \mapsto f(x,y), \quad f_y(x) : x \mapsto f(x,y)$$

によって，$Y$ 上の関数 $f_x$ と $X$ 上の関数 $f_y$ を定義すると，$f_x$ は $\mathcal{G}$-可測，$f_y$ は $\mathcal{F}$-可測である．

### 4.2.2　フビニの定理

以上の準備のもと，以下のようにフビニの定理が書き下せる．

**定理 4.10　フビニの定理**　$\sigma$-有限である 2 つの測度空間の直積測度空間 $(X \times Y, \mathcal{F} \times \mathcal{G}, \mu \times \nu)$ 上の非負可測関数 $f$ に対し，

$$\int_X f(x,y)\mu(dx), \quad \int_Y f(x,y)\nu(dy) \tag{4.1}$$

はそれぞれ非負の値をとる $\mathcal{G}$-可測，$\mathcal{F}$-可測な関数で，

$$\int_{X\times Y} f(x,y)\,\mu\times\nu(dx,dy) = \int_X \left\{\int_Y f(x,y)\,\nu(dy)\right\}\mu(dx) = \int_Y \left\{\int_X f(x,y)\,\mu(dx)\right\}\nu(dy) \tag{4.2}$$

が（式の値が無限大のときも含めて）成り立つ．

また，非負値とは限らない $f$ が $\mu\times\nu$-可積分ならば，ほとんどいたるところの $x\in X$ について $f_x(y)$ は $\nu$-可積分かつ，$y\in Y$ について $f_y(x)$ は $\mu$-可積分で，上式 (4.1) の各関数も $\nu$-可積分，$\mu$-可積分であり，上式 (4.2) が有限の値で成り立つ．

証明は省略する．一般的なフビニの定理の証明の難しさは直積測度（もしくはその代替物）の構成に依存した精密な議論にある．しかし，直積測度の一意的存在を認めれば，$f$ が $E\in\mathcal{F}\times\mathcal{G}$ について $f(x,y)=\mathbf{1}_E(x,y)$ と書けるときには直積測度の性質に帰着することに注意して，単関数によって近似し，収束定理を用いることで示せる．

**注意 4.1 ルベーグ測度のフビニの定理** フビニの定理の応用例として最も重要なのはルベーグ測度の場合だろう．しかし，1.2.3 項で注意したように，ルベーグ測度はボレル集合族上のルベーグ測度の完備化であるため，2 つの 1 次元ルベーグ測度空間の直積空間の直積測度が完備か，つまり 2 次元のルベーグ測度か，ということが問題になる（実は，その答は「ノー」である）．この事情から，上のフビニの定理はルベーグ測度の場合に不十分であり，完備化に対するフビニの定理 [4)] を用意する必要がある．そして実際，（ルベーグ可測集合族上の）ルベーグ測度についても，上の定理と同じ形のフビニの定理が成立する．もちろん，ルベーグ測度といっても，ボレル集合族だけを考えている場合には問題ない．

定理の理解を助けるため，フビニの定理が成立しない例を 1 つ挙げておく．

4) たとえば，吉田伸生 [17] の 5.4 章を参照のこと．

フビニの定理の応用例として定理 7.4 の証明も参照のこと．

**例 4.2　フビニの定理が成立しない例**　$[0,1]$ 上のボレル集合族とルベーグ測度の直積測度空間，$([0,1]\times[0,1], \mathcal{B}([0,1])\times\mathcal{B}([0,1]), dxdy)$ 上で定義された以下の関数

$$f(x,y)=\frac{x^2-y^2}{(x^2+y^2)^2}$$

について考えよう．$f(x,y)$ は可測だが可積分ではない．よって，フビニの定理の仮定を満たしておらず，実際，$x$ で先に積分してから $y$ で積分すると $-\pi/4$ で，逆順に逐次積分すると $\pi/4$ になって一致しない．

**演習問題 4.1**

上の例 4.2 の $f(x,y)$ が可積分でないことを納得せよ．また，積分順序による逐次積分の不一致をリーマン積分の計算で確認せよ．

## 4.3　リーマン積分とルベーグ積分

ルベーグ積分はリーマン積分よりも，はるかに広い定義域を持つはるかに広い被積分関数について定義でき，しかも，リーマン積分では厄介な条件や複雑な扱いが必要だった操作が，単純な条件のもとで機械的に扱える．とはいえ，ルベーグ積分がリーマン積分の拡張でなければあまり意味がない．

この節では，両者が意味を持つ設定において（1 次元閉区間上の積分において），リーマン積分可能であるならばルベーグ積分可能であって同じ値をとる，という意味でルベーグ積分がリーマン積分の拡張であることを示す．また，ルベーグ積分でも「微分積分学の基本定理」が成り立つ．よって，リーマン積分でなじんだ多くの操作はそのままルベーグ積分で用いることができる．

なお，ルベーグ積分のアイデアを簡単に説明した 2.2.1 項を振り返っておくと，以下の説明がわかりやすいだろう．

### 4.3.1　リーマン積分の復習

$f(x)$ を閉区間 $[a,b]$ 上で定義された有界な実数値関数とする．この区間を以下のような分点で $n$ 個の小区間に分割する．

$$a = x_0 < x_1 < \cdots < x_{n-1} < x_n = b,$$

$$\Delta_i = [x_i, x_{i+1}), \quad (i = 0, 1, \ldots, n-2), \qquad \Delta_{n-1} = [x_{n-1}, x_n].$$

この小区間の長さ $|\Delta_i|$ を $|\Delta_i| = x_{i+1} - x_i$ で定義し，またこの分割 $\Delta$ の大きさ $|\Delta|$ を $|\Delta| = \max_i |\Delta_i|$ で定義する．つまり，$|\Delta|$ は小区間の中で最も長いものの長さだから，$|\Delta| \to 0$ とはすべての小区間の長さが 0 に近づくように分点の数 $n$ を増やしていくことを意味する．

この各小区間における $f$ の下限 $\underline{f_i}$ と上限 $\overline{f_i}$ を以下のように定義する．

$$\underline{f_i} = \inf_{x \in \Delta_i} f(x), \quad \overline{f_i} = \sup_{x \in \Delta_i} f(x).$$

この各小区間ごとに任意に選んだ点 $y_i \in \Delta_i$ に対し，

$$S_\Delta = \sum_{i=0}^{n-1} f(y_i)\,|\Delta_i|$$

と決めると，もちろん，

$$\sum_{i=0}^{n-1} \underline{f_i}\,|\Delta_i| \le S_\Delta \le \sum_{i=0}^{n-1} \overline{f_i}\,|\Delta_i| \tag{4.3}$$

である．もし，$|\Delta| \to 0$ のときにこの両辺が収束して同じ極限値 $S$ を持つならば（$S_\Delta \to S$ であり），この $S$ をもって $f(x)$ の区間 $[a, b]$ 上のリーマン積分と呼び，

$$S = \int_a^b f(x)\,dx$$

と書くのだった．つまり，リーマン積分が存在するための必要十分条件は $|\Delta| \to 0$ のときに式 (4.3) の両辺が同じ値に収束することである．

### 4.3.2 リーマン積分とルベーグ積分

前項の復習のもと，以下の定理を証明する．リーマン積分とルベーグ積分を区別するために，この項と次項においてのみ，$\int \cdots dx$ と書くとリーマン積分を意味し，$\int \cdots \mu(dx)$ と書くと（ルベーグ測度による）ルベーグ積分を意味するものとする．

**定理 4.11**　有界な実数値関数 $f(x)$ が閉区間 $[a, b]$ 上でリーマン積分可能ならば，（ルベーグ測度について）ルベーグ積分可能であり，その値は等しい．

証明は，リーマン積分の上下からの近似式 (4.3) を単関数による近似におき換えて，有界収束定理（定理 4.6）を用いればただちに得られる．リーマン積分とルベーグ積分の違いをみるため，証明を与えておく．

**証明**　上のリーマン積分の定義において，区間 $[a,b]$ の分割を特に，$2^n$ 等分とする．上と同様に小区間 $\Delta_i$ での $f$ の下限 $\underline{f_i}$, 上限 $\overline{f_i}$ の記号を採用して，

$$g_n(x) = \sum_{i=0}^{2^n-1} \underline{f_i}\,\mathbf{1}_{\Delta_i}(x), \quad h_n(x) = \sum_{i=0}^{2^n-1} \overline{f_i}\,\mathbf{1}_{\Delta_i}(x)$$

とおくと，これらはもちろん単関数であり，そのルベーグ積分がリーマン積分の近似式 (4.3) の上下の和それぞれ（の特別な場合）にほかならない．よって，リーマン積分が存在するとき，この上下の和が同じ値 $S$ に収束することより，

$$\lim_{n\to\infty}\int_{[a,b]} g_n(x)\,\mu(dx) = \int_a^b f(x)\,dx = \lim_{n\to\infty}\int_{[a,b]} h_n(x)\,\mu(dx)$$

が成り立つ．我々は区間を $2^n$ 等分しているから，$n$ の増加に連れ，小区間は入れ子式に増えていくので，任意の $x \in [a,b]$ について，

$$g_n(x) \le g_{n+1}(x) \le \cdots \le f(x) \le \cdots \le h_{n+1}(x) \le h_n(x).$$

よって，$g(x) = \lim_{n\to\infty} g_n(x)$ と $h(x) = \lim_{n\to\infty} h_n(x)$ が存在して，$g(x) \le f(x) \le h(x)$ である．

すると有界収束定理（定理 4.6）より，

$$\int_{[a,b]} \lim_{n\to\infty} g_n(x)\,\mu(dx) = \int_a^b f(x)\,dx = \int_{[a,b]} \lim_{n\to\infty} h_n(x)\,\mu(dx),$$

すなわち，

$$\int_{[a,b]} g(x)\,\mu(dx) = \int_a^b f(x)\,dx = \int_{[a,b]} h(x)\,\mu(dx). \tag{4.4}$$

この両辺の差をとると，

$$\int_{[a,b]} \{h(x) - g(x)\}\,\mu(dx) = 0$$

だが $h(x) - g(x) \ge 0$ なので，定理 2.5 より，ほとんどいたるところ $h(x) = g(x) = f(x)$ である．$g(x)$ は $[a,b]$ でルベーグ積分可能だから $f(x)$ もそうであって，式 (4.4) より積分の値も等しい．■

この定理の逆は成立しない．つまり，$f$ が区間 $[a,b]$ 上ルベーグ積分可能で，さらに有界であっても，リーマン積分可能でない場合がある．以下がその典型的な例である．

**例 4.3 ルベーグ積分可能だがリーマン積分可能でない例** 閉区間 $[0,1]$ 上の有界な関数 $g(x)$ を以下で定義する.

$$g(x) = \begin{cases} 0, & (x \in \mathbb{Q}), \\ 1, & (x \notin \mathbb{Q}). \end{cases}$$

この $g$ はルベーグ積分可能である. 実際, $A = \{x \in [0,1] : x \in \mathbb{Q}\}$ とすると, $A$ は 1.2.3 項でみたように可測で $\mu(A) = 0$ であり, $[0,1] \backslash A$ も可測で $\mu([0,1] \backslash A) = 1$. また $g(x)$ はこの上の定義関数だから可測関数. よって

$$\begin{aligned} \int_{[0,1]} g(x)\mu(dx) &= \int_{[0,1]\backslash A} g(x)\mu(dx) \\ &= \int_{[0,1]\backslash A} 1\,\mu(dx) \\ &= \mu([0,1]\backslash A) = 1. \end{aligned}$$

しかし一方, 区間 $[0,1]$ をどのように分割しても各小区間に有理数と無理数が含まれるから, 前項の式 (4.3) の左辺は 0 のまま, 右辺は $\mu([0,1]) = 1$ のままで同じ値に収束しない. つまりリーマン積分可能ではない.

### 4.3.3 原始関数とルベーグ積分

区間 $[a,b]$ 上で定義された実数値関数 $f(x)$ に対し, 任意の $x \in (a,b)$ で

$$f(x) = F'(x) \left( = \frac{d}{dx} F(x) \right)$$

となるような関数 $F(x)$ があれば, この $F$ を $f$ の原始関数というのだった.

また, $f(x)$ が $[a,b]$ 上でリーマン積分可能で, 原始関数 $F(x)$ を持つならば, $\xi \in [a,b]$ について

$$F(\xi) - F(a) = \int_a^\xi f(x)\,dx = \int_a^\xi F'(x)\,dx$$

が成立するのだった. これは微分 (導関数) と積分を表裏一体に結びつける重要な関係であり,「微分積分学の基本定理」の 1 つの表現である.

しかし, 上の主張の逆に, $f(x)$ が原始関数を持ち, かつ有界であっても, リーマン積分可能であるとは限らない [5]. これはリーマン積分の大きな弱点である.

[5] ヴォルテラ (Volterra, V.) による反例が有名だが, その構成はかなり複雑である. 吉田洋一 [18] 参照.

ルベーグ積分においては以下のように，この弱点は克服された上で「基本定理」が成り立つ．

**定理 4.12　微分積分学の基本定理（ルベーグ積分の場合）**　$[a,b]$ 上の関数 $F(x)$ が $(a,b)$ 上で微分可能で，導関数 $F'$ が同区間上で有界ならば，$F'$ は同区間上ルベーグ積分可能で，任意の $\xi \in [a,b]$ について以下が成り立つ．

$$F(\xi) - F(a) = \int_{[a,\xi]} F'(x)\,\mu(dx).$$

証明は省略するが，微分と積分の交換定理（定理 4.7）の証明と同様に，平均値の定理と有界収束定理（定理 4.6）から容易に導ける．

## 本章で導入された主な概念

- 各点収束 (pointwise convergence) ➡ **定義 4.1**
- 概収束 (almost everywhere convergence) ➡ **定義 4.1**

- 単調収束定理 (monotone convergence theorem) ➡ **定理 4.3**
- ファトゥの補題 (Fatou's lemma) ➡ **定理 4.4**
- 優収束定理 (dominated convergence theorem) ➡ **定理 4.5**
- 有界収束定理 (bounded convergence theorem) ➡ **定理 4.6**

- フビニの定理 (Fubini's theorem) ➡ **定理 4.10**

第5章

# ラドン–ニコディムの定理と条件つき期待値

条件つき期待値や条件つき確率の概念は自然科学への応用に頻繁に現れる．しかし，その数学的な定義は比較的高度であり，ラドン–ニコディムの定理と同等である．この章では，測度の絶対連続性の概念を準備して，ラドン–ニコディムの定理を説明する．

準備として，まず条件つき期待値や条件つき確率が何を意味しているのか，初等的な定義の拡張を試みて，直観的な意味を探る．5.1節を飛ばして，直接ラドン–ニコディムの定理の節（5.2節）に入ってもよいが，条件つき期待値の直観的意味は定理の理解を助けるだろう．

## 5.1 条件つき期待値とその意味

### 5.1.1 初等的な条件つき期待値と条件つき確率の復習

この項では，初等的な意味での条件つき期待値と条件つき確率を復習しておく．初等的な意味とは，ある事象が起きるとしたときの，つまりその事象で「条件づけ」したときの確率，そしてその確率での期待値，という順序で定義され，以下のように明快な概念である．

**定義 5.1 初等的な条件つき確率** $(\Omega, \mathcal{F}, P)$ を確率空間とする．$P(B) > 0$ であるような事象 $B$ を条件づけたときの，事象 $A$ の条件つき確率 $P(A \,|\, B)$ を以下で定義する．

$$P(A \,|\, B) = \frac{P(A \cap B)}{P(B)}.$$

この $P(A \,|\, B)$ の直観的意味は，事象 $B$ が起きるものとして，つまり事象 $B$ が全事象であるかのように考えたとき，その中で $A$（つまり $A \cap B$）が起きる確率である．

これからただちにわかる興味深い事実としては，以下の「ベイズの定理」がある．

**定理 5.1　ベイズの定理**　$P(A) > 0, P(B) > 0$ であるような事象 $A, B$ について，以下の等式が成り立つ．

$$P(B \mid A) = \frac{P(A \mid B)}{P(A)} P(B).$$

**証明**　条件つき確率の定義5.1を $P(A \mid B)$ と $P(B \mid A)$ にあてはめ，$P(A \cap B)$ を消去すれば，上の等式が得られる．■

ベイズの定理は条件つき確率の定義からただちに得られるが，確率的な推論の方法として重要な応用を持っている．ポイントは，上式で $P(B)$ を事象 $A$ が起きる前の確率（「事前確率」），$P(B \mid A)$ を事象 $A$ が起きたことを知ったことによって更新された確率（「事後確率」）とみることである．この解釈の妥当性にはさまざまな議論があるものの，ベイズ統計学，ベイズ推定などと呼ばれさまざまな分野で広範囲に応用されている（本書でものちに演習問題7.5や7.1.5項で再訪する）．

上の定義5.1から，条件つき確率 $P(\cdot \mid B)$ が同じ可測空間 $(\Omega, \mathcal{F})$ 上の確率であることは簡単に確認できる．したがって，この確率測度 $P(\cdot \mid B)$ による期待値も当然考えられる．

**定義 5.2　初等的な条件つき期待値**　確率空間 $(\Omega, \mathcal{F}, P)$ と $B \in \mathcal{F}$ に対し，条件つき確率 $P(\cdot \mid B)$ による確率変数 $X$ の期待値を（$B$ を条件づけた，$B$ に関する）条件つき期待値といい，$E[X|B]$ と書く．

以上の初等的な条件つき確率と条件つき期待値を拡張する前に，具体例をみておく．

**例 5.1 サイコロ投げの条件つき確率と条件つき期待値** 公平なサイコロを 1 回投げる例を考える．確率空間 $(\Omega, \mathcal{F}, P)$ と確率変数 $X : \Omega \to \{1, 2, \ldots, 6\}$ を以下のように定める．

$$\Omega = \bigsqcup_{i=1}^{6} A_i, \quad X^{-1}(\{i\}) = A_i \in \mathcal{F}, \quad P(A_i) = \frac{1}{6}, \quad (i = 1, \ldots, 6).$$

$\mathcal{F}$ は $\{A_i\}_{i=1,\ldots,6}$ からの組み合わせの和集合の全体である．ここで，「偶数の目が出る」という事象 $B = A_2 \sqcup A_4 \sqcup A_6$ を考えると，条件つき確率 $P(\cdot|B)$ の値はたとえば，

$$P(\,A_i \,|\, B) = \begin{cases} 0, & i \in \{1, 3, 5\}, \\ 1/3, & i \in \{2, 4, 6\}. \end{cases}$$

確率変数 $X$ の期待値と $B$ を条件づけた条件つき期待値を計算してみると，

$$E[X] = 1 \cdot \frac{1}{6} + 2 \cdot \frac{1}{6} + \cdots + 6 \cdot \frac{1}{6} = \frac{21}{6} = \frac{7}{2},$$
$$E[X|B] = 1 \cdot 0 + 2 \cdot \frac{1}{3} + \cdots + 5 \cdot 0 + 6 \cdot \frac{1}{3} = \frac{12}{3} = 4.$$

### 5.1.2 $\sigma$-加法族による条件つき期待値へ

初等的な条件つき確率と条件つき期待値は，全事象ではなく与えられた事象の上だけに制限して，確率や期待値を考えるという概念だった．これを，与えられた「情報」のもとで確率や期待値を考えるという，より深い概念に発展させられる．たとえば，「偶数の目が出るとしたら」と条件づけるのではなく，「出る目が偶数か奇数かは知ることができるのだが」と条件づけるのである．

応用上もこのような状況は頻繁に現れる．事態が進展するに従って「情報」が増えていく場合や，まず粗い「情報」のもとで考えたい場合などである．この場合に鍵になる「情報」の概念は $\sigma$-加法族である．

確率空間の $\sigma$-加法族とは可測な（部分）集合全体の集まり，つまり確率を考えられる事象の全体であり，モデルの「情報」を記述していると考えられる．たとえば，確率空間 $(\Omega, \mathcal{F}, P)$ の $\mathcal{F}$ に対し，その部分 $\sigma$-加法族 $\mathcal{G}\,(\subset \mathcal{F})$ を考えると，$\mathcal{G}$ は $\mathcal{F}$ に比べて事象が少ない．その意味で，$\mathcal{G}$ は $\mathcal{F}$ に比べて粗い情報しか持っておらず，逆に，$\mathcal{F}$ は $\mathcal{G}$ に比べて細かい情報を持っている．

上のサイコロの例をこの観点から見直してみよう．

**例 5.2　サイコロ投げの条件つき確率/期待値と $\sigma$-加法族**　上のサイコロ投げの確率空間 $(\Omega, \mathcal{F}, P)$ に対し，もう1つ別の $\sigma$-加法族 $\mathcal{G}$ を以下のように定義する．

$$\mathcal{G} = \{\emptyset, B, B^c, \Omega\}, \quad B = A_2 \sqcup A_4 \sqcup A_6.$$

明らかに $\mathcal{G}$ は $\mathcal{F}$ の部分 $\sigma$-加法族である．この $\mathcal{G}$ は，サイコロの目が偶数か奇数かで決まる事象だけを持つことに注意せよ．この意味で，$A_1, \cdots, A_n$ のすべての組み合わせを持つ $\mathcal{F}$ に比べて $\mathcal{G}$ は「情報」が「粗い」．

$\mathcal{G}$ の要素 $B$ についての条件つき期待値は上の例 5.1 でみたように $E[X|B] = 4$ だったが，同様に $B^c$ についても $E[X|B^c] = 3$ と計算できる．また，条件をつけない期待値 $E[X] = 7/2$ なのだった．

これを以下のように考えることもできる．確率変数 $X$ は，何の情報もない場合にはその期待値である 7/2 という値が期待されるが，$\mathcal{G}$ の粗い情報のもとでは，確率変数 $X$ は $B \in \mathcal{G}$ 上で 4, $B^c \in \mathcal{G}$ 上で 3 という（期待）値が期待される．これを以下のような確率変数であると考えてもよかろう．

$$E[\,X \mid \mathcal{G}\,](\omega) = \begin{cases} 3, & (\omega \in B^c), \\ 4, & (\omega \in B). \end{cases}$$

さらに細かい情報 $\mathcal{F}$ による条件つき期待値は，

$$E[\,X \mid \mathcal{F}\,](\omega) = \begin{cases} 1, & (\omega \in A_1), \\ 2, & (\omega \in A_2), \\ \cdots & \\ 6, & (\omega \in A_6), \end{cases}$$

となって，これは確率変数 $X$ そのものである．

上の例のように，$\sigma$-加法族の観点から条件つき期待値をみると，確率変数を情報の「ふるい」にかけて新しい確率変数を作る操作，または，**「ふるい」の目ごとに平均して粗くする操作**だと考えられる．これを $\sigma$-加法族 $\mathcal{G}$ による条件つき期待値 $E[X|\mathcal{G}]$ という形で定式化したものが，現代的な条件つき期待値の考え方である．これを以下のように定式化して定義とする．

**定義 5.3 条件つき期待値** 確率空間 $(\Omega, \mathcal{F}, P)$ 上の可積分な確率変数 $X$ と，$\mathcal{F}$ の部分 $\sigma$-加法族 $\mathcal{G}$ に対し，任意の $G \in \mathcal{G}$ について $E[Y; G] = E[X; G]$ であるような，つまり，

$$\int_G Y(\omega)\, P(d\omega) = \int_G X(\omega)\, P(d\omega)$$

が成立するような $\mathcal{G}$-可測な確率変数 $Y$ のことを，$\sigma$-加法族 $\mathcal{G}$ に関する $X$ の条件つき期待値と呼び，$Y = E[X|\mathcal{G}]$ と書く．

つまり，$E[X|\mathcal{G}]$ は $\mathcal{G}$-可測な集合上では $X$ と期待値が等しい．しかし，$\mathcal{F}$-可測な $X$ と異なって $E[X|\mathcal{G}]$ は $\mathcal{G}$-可測なので，常に

$$\{\omega \in \Omega : E[X|\mathcal{G}](\omega) < \lambda\} \in \mathcal{G} \subset \mathcal{F}$$

という意味で $X$ より粗い情報しか持っていない．また，定義に要請されている条件は積分値が等しいことだけなので，条件つき期待値は「ほとんどいたるところ」一致していれば任意性があることに注意しておく [1)]．

上の定義は存在するならばそう呼ぶ，といっているだけなので，存在と一意性は別の問題である．実際，積分論の枠組みでいえば，この「条件つき期待値」の一意的存在の主張がラドン–ニコディムの定理にほかならない．

なお，初等的な条件つき期待値が条件つき確率を用いて定義されたのと対照的に，この現代的な枠組みでは，条件つき確率の方を条件つき期待値を用いて以下のように定義するのが普通である（以下の定理 5.2 も参照のこと）．

**定義 5.4 条件つき確率** 確率空間 $(\Omega, \mathcal{F}, P)$ と $\mathcal{F}$ の部分 $\sigma$-加法族 $\mathcal{G}$ に対し，$\mathcal{G}$ に関する条件つき確率とは，事象 $A \in \mathcal{F}$ について

$$P\,(\,A\,|\,\mathcal{G}\,)\,(\omega) = E\left[\,\mathbf{1}_A\,\middle|\,\mathcal{G}\,\right](\omega)$$

で定義される確率変数 $P(A\,|\,\mathcal{G})(\omega)$ である．

次節でラドン–ニコディムの定理を準備したのち，再び確率論に戻って条件つ

1) つまり，測度 $P$ の零集合上での差異は許される．確率変数としてその 1 つの関数を固定することを，1 つの「変形（version）」を選ぶということがある．以下，条件つき期待値についての関係式は，変形を選んで成立するという意味である．

き期待値の一意的存在を確認することにしよう．この段階でも強調しておくと，条件つき期待値とは値ではなく確率変数である[2]．

## 5.2 ラドン–ニコディムの定理

### 5.2.1 測度の絶対連続性

まず，関数を部分集合上で積分することで，新しい測度を簡単に作れることに注意しよう．

**定理 5.2**　$f$ を測度空間 $(S, \mathcal{M}, \mu)$ 上の非負実数値の可測関数とする．このとき，任意の $A \in \mathcal{M}$ に対し，

$$\nu(A) = \int_A f(x)\,\mu(dx)$$

によって $\nu : \mathcal{M} \to [0, \infty]$ を定義すると，$\nu$ もまた $S$ 上の測度である．

**証明**　測度が満たすべきほかの性質は明らかだから，非交差的な集合 $A_1, A_2, \ldots \in \mathcal{M}$ に対し，

$$\nu\left(\bigsqcup_{i=1}^{\infty} A_i\right) = \sum_{i=1}^{\infty} \nu(A_i)$$

となることのみ示せばよい．単調な関数列 $f_n\ (n = 1, 2, \ldots)$ を

$$f_n(x) = \mathbf{1}_{\bigsqcup_{i=1}^{n} A_i}(x) f(x)$$

と定義して，単調収束定理（定理 4.3）を用いれば上式がいえる．■

本節で扱いたい問題は上の定理 5.2 の逆である．つまり，2 つの測度 $\mu$ と $\nu$ の間にどんな関係があれば，上のような関数 $f$ が存在するだろうか．もし，このような $f$ が存在して，$\mu$ が基準になるような測度ならば（たとえばルベーグ測度），調べたい対象の測度 $\nu$ が $f$ の $\mu$ による積分で書けるので，測度 $\nu$ の研究が関数 $f$ の研究に帰着できて便利である．

この問題の条件を記述するために，以下の概念を用意する．

---

[2] その意味では，条件つき期待「値」という名前は適切ではないが慣習に従っておく．

**定義 5.5 測度の絶対連続性** 可測空間 $(S, \mathcal{M})$ 上の 2 つの測度 $\mu, \nu$ に対し，任意の $A \in \mathcal{M}$ について，$\mu(A) = 0$ ならば $\nu(A) = 0$ が常に成り立つとき，$\nu$ は $\mu$ に関して絶対連続 [3] であるといい，記号で $\nu \ll \mu$ と書く．

当然ながら，$\nu \ll \mu$ と $\mu \ll \nu$ は一般には一致しない．この両方が成立するとき，$\mu$ と $\nu$ は互いに絶対連続であるという．

### 5.2.2 ラドン–ニコディムの定理

以上の準備のもと，上の問題は以下のように完全に解決される．すなわち，$\sigma$-有限かつ絶対連続ならば上の定理 5.2 の逆が以下のように成立する．

**定理 5.3 ラドン–ニコディムの定理** 可測空間 $(S, \mathcal{M})$ 上の 2 つの測度 $\mu, \nu$ がともに $\sigma$-有限で，$\nu \ll \mu$ であるならば，任意の $B \in \mathcal{M}$ に対し

$$\nu(B) = \int_B f(x)\,\mu(dx)$$

となる非負実数値可測関数 $f$ が存在し，「ほとんどいたるところ」の意味で一意である．つまり，別の $\tilde{f}$ が上式を満たせば，$f = \tilde{f}$, a.e. である．

また，この $f$ を $\nu$ の $\mu$ に関するラドン–ニコディム微分といい，$\frac{d\nu}{d\mu}$ や $d\nu/d\mu$ と書く [4]．

ラドン–ニコディムの定理の証明は比較的面倒であるし，定理の意味は主張から十分に理解できると思われるので，証明は省略する．

ラドン–ニコディムの定理はさらに以下の「符号つき測度」に対しても，有界性の条件を追加すれば拡張できる．つまり，上の定理での測度 $\nu$ が有界な符号つき測度である場合にも（ただし $\mu$ は測度），主張はそのまま正しい．

---

3) 測度ではなく，関数についても絶対連続性の概念がある．この 2 つはルベーグ-スティルチェス測度と有界変動性を通して密接に関係していて，みかけは異なるものの本質的には同じであるが，本書では扱わない．

4) もちろん，$\int_B \frac{d\nu}{d\mu}\,d\mu = \int_B d\nu = \nu(B)$ の気持ちである．おなじみの関数の微分 $\frac{df}{dx}$ とは，絶対連続性と同じく有界変動性を通じて密接に関係しており，実際本質的に同じものだが，本書では解説しない．

**定義 5.6　符号つき測度**　可測空間 $(S,\mathcal{M})$ 上の集合関数 $\nu:\mathcal{M}\to(-\infty,\infty]$ が[5)], $\nu(\emptyset)=0$ であって，かつ，非交差的な事象 $B_1,B_2,\ldots\in\mathcal{M}$ について

$$\nu\left(\bigsqcup_{i=1}^{\infty}B_i\right)=\sum_{i=1}^{\infty}\nu(B_i)$$

を満たすとき，この可測空間上の符号つき測度という．

この符号つき測度の場合も加えて，再度，ラドン–ニコディムの定理を書いておく．この拡張自体の証明はやさしいが，やはり省略する．

**定理 5.4　ラドン–ニコディムの定理（符号つき測度の場合）**　可測空間 $(S,\mathcal{M})$ 上の $\sigma$-有限な測度 $\mu$ と有界な符号つき測度 $\nu$ に対し，$\nu\ll\mu$ であるならば，任意の $B\in\mathcal{M}$ について，

$$\nu(B)=\int_B f(x)\,\mu(dx)$$

となる可積分関数 $f$ が "a.e." の意味で一意的に存在する．

### 5.2.3　条件つき期待値の存在と性質

符号つき測度の場合のラドン–ニコディムの定理（定理 5.4）から，条件つき期待値（定義 5.3）の一意的存在がただちに従う．実際，$(\Omega,\mathcal{F},P)$ 上の可積分な確率変数 $X$ と部分 $\sigma$-加法族 $\mathcal{G}\,(\subset\mathcal{F})$ に対して，

$$\nu(G)=\int_G X(\omega)\,P(d\omega),\quad (G\in\mathcal{G})$$

とおくと，これは $(\Omega,\mathcal{G})$ 上の有界な符号つき測度だから，ラドン–ニコディムの定理より，任意の $G\in\mathcal{G}$ について

$$\nu(G)=\int_G X(\omega)\,P(d\omega)=\int_G f(\omega)\,P(d\omega)$$

を満たすような，可積分関数 $f$ が "a.e." の意味で一意に存在するが，これが条件つき期待値 $E[X|\mathcal{G}](\omega)$ にほかならない．証明は省略するが，条件つき期待値についても期待値と同様に以下の性質が成り立つ．

---

[5)] $\nu$ の値に $\infty$ を含めて $-\infty$ を外したのは，$\infty-\infty$ のような値の決まらない計算を避けたいという技術的理由による．

**定理 5.5 条件つき期待値の基本的性質** 確率空間 $(\Omega, \mathcal{F}, P)$ 上の可積分な確率変数 $X, Y, X_1, X_2, \ldots$ と $\mathcal{F}$ の部分 $\sigma$-加法族 $\mathcal{G}$ について，以下が成立する．

1. $X$ が非負ならば，（ほとんどいたるところ）$E[X \mid \mathcal{G}] \geq 0$ である（正値性）．
2. 任意の実数 $a, b$ について $E[aX + bY \mid \mathcal{G}] = a\,E[X \mid \mathcal{G}] + b\,E[Y \mid \mathcal{G}]$ が成立する（期待値同様，条件つき期待値についても線形性が成り立つ）．
3. $X_1, X_2, \ldots$ が非負の確率変数の単調増大列で確率変数 $X$ に概収束するならば，$\{E[X_n|\mathcal{G}]\}_n$ は単調増加で $E[X|\mathcal{G}]$ に概収束する（条件つき期待値の単調収束定理）．

また，以下の性質はどれも，条件つき期待値に本質的な特徴であり，その理解のために重要である．

**定理 5.6 条件つき期待値の性質** 確率空間 $(\Omega, \mathcal{F}, P)$ 上の可積分な確率変数 $X, Y$ と $\mathcal{F}$ の部分 $\sigma$-加法族 $\mathcal{G}, \mathcal{H}$ について，以下が成立する．

1. 任意の確率変数の条件つき期待値の期待値は，もとの確率変数の期待値に等しい．つまり，$E\left[E[X \mid \mathcal{G}]\right] = E[X]$ である（条件つきで粗く期待値をとってから期待値をとるのは，最初から期待値をとるのと同じ）．
2. $\mathcal{G} \subset \mathcal{H}$ ならば，$E\left[E[X \mid \mathcal{H}] \mid \mathcal{G}\right] = E[X \mid \mathcal{G}]$ となる（条件つき期待値をさらに粗く条件つき期待値をとるのは，最初から粗く条件つき期待値をとるのと同じ．これを上の 1. の主張も含めて「塔の性質」(tower property) と呼ぶ）．
3. $X$ が $\mathcal{G}$-可測ならば，$E[X \mid \mathcal{G}] = X$ である（$X$ は $\mathcal{G}$ の粗さの情報しか持たないので，$\mathcal{G}$ の「ふるい」をすりぬける）．
4. $X$ が $\mathcal{G}$-可測で，$XY$ が期待値を持つならば，$E[XY \mid \mathcal{G}] = X \cdot E[Y \mid \mathcal{G}]$ である（$X$ は $\mathcal{G}$ の粗さの情報しか持たないので，$X$ だけは $\mathcal{G}$ の「ふるい」をすりぬける）．
5. $\sigma[X]$ が $\mathcal{G}$ と独立ならば（定義 7.3），$E[X \mid \mathcal{G}] = E[X]$ である（$\mathcal{G}$ は

$X$ について何の情報も持っていないので，$\mathcal{G}$ の粗さで期待値をとるのは，単に期待値をとるのと同じ）．

これらの性質の証明も省略するが，各命題の後の括弧中の文章が理解を助けるものと期待する．上の各命題は応用上も重要である．たとえば，ある確率変数の期待値を計算するのは難しくても，適当な条件で条件つき期待値をとるのはやさしいことがある．この場合は「塔の性質」を使って，再度期待値をとることで目的の期待値が計算できる．

## 本章で導入された主な概念

- 条件つき期待値 (conditional expectation) ➡ **定義 5.3**
- 条件つき確率 (conditional probability) ➡ **定義 5.4**
- ベイズの定理 (Bayes' theorem) ➡ **定理 5.1**

- 絶対連続性 (absolute continuity) ➡ **定義 5.5**
- 符号つき測度 (signed measure) ➡ **定義 5.6**
- ラドン–ニコディムの定理 (Radon-Nikodym theorem) ➡ **定理 5.3**, **定理 5.4**

第 **6** 章

# いろいろな不等式

等式とは2つの不等式のことである，とは解析学者のジョークだが，真実にかなり近い．少なくとも，不等式評価が解析学研究の多くの部分を占めていることは間違いない．この章では積分に関係した，幅広く強力に用いることのできる，有名な4つの不等式についてまとめる．また，関数解析学への入門的内容も含んでいる．

## 6.1 ヘルダーの不等式とミンコフスキーの不等式

### 6.1.1 ヘルダーの不等式

以下のヘルダーの不等式は解析学で最も有用な不等式だろう．

**定理 6.1 ヘルダーの不等式** 実数 $p, q > 1$ が関係式 $1/p + 1/q = 1$ を満たすとき，測度空間 $(S, \mathcal{M}, \mu)$ 上で定義された可測な実数値関数 $f, g$ に対し，$|f|^p, |g|^q$ がそれぞれ $\mu$-可積分ならば，積 $fg$ も可積分であって，以下が成り立つ．

$$\int_S |f(x)g(x)|\ \mu(dx) \le \left\{ \int_S |f(x)|^p\ \mu(dx) \right\}^{1/p} \left\{ \int_S |g(x)|^q\ \mu(dx) \right\}^{1/q}.$$

もちろん，積分の記号は関数の値が離散的である場合，たかだか可算な和で書ける場合も含んでいることに注意せよ．つまり，

$$\left| \sum_i a_i b_i \right| \le \sum_i |a_i b_i| \le \left\{ \sum_i |a_i|^p \right\}^{1/p} \left\{ \sum_i |b_i|^q \right\}^{1/q}$$

など．以下のほかの不等式についても同様である．

**証明** 証明を簡潔に書くため，

$$\|f\|_p = \left\{ \int_S |f(x)|^p\, \mu(dx) \right\}^{1/p}$$

と略記する．$\|f\|_p$ か $\|g\|_q$ が 0 の場合は，$f$ か $g$ がほとんどいたるところ 0 だから（定理 2.5），自明に成立する．よって，両方とも正のときを示せば十分である．仮定の $p, q$ と任意の非負の実数 $a, b$ について，

$$ab \leq \frac{a^p}{p} + \frac{b^q}{q}$$

が成り立つことに注意する（ヤングの不等式 [1]）．

特に $a = |f(x)|/\|f\|_p$, $b = |g(x)|/\|g\|_q$ とおけば，

$$\frac{|f(x)g(x)|}{\|f\|_p\,\|g\|_q} \leq \frac{1}{p}\frac{|f(x)|^p}{\|f\|_p^p} + \frac{1}{q}\frac{|g(x)|^q}{\|g\|_q^q}$$

となる．この右辺は仮定より可積分だから定理 2.4 より両辺を積分することができて，

$$\frac{\|fg\|_1}{\|f\|_p\,\|g\|_q} \leq \frac{1}{p}\frac{\|f\|_p^p}{\|f\|_p^p} + \frac{1}{q}\frac{\|g\|_q^q}{\|g\|_q^q} = \frac{1}{p} + \frac{1}{q} = 1. \blacksquare$$

### 6.1.2　$L^p$ ノルムと $L^p$ 空間

このように関数の冪乗の可積分性を問う問題は，ある性質を満たす関数全体の空間の構造を研究する関数解析学の分野につながっている．本書では関数解析学について詳しくは述べないが，基礎的な部分に触れておく．

$\|f\|_p$ の記号は，すでに上の定理 6.1 の証明の中で用いたが，改めて以下のように定義しよう．

まず，関数の「大きさ」を測る概念として以下の $L^p$ ノルムを用意する．

**定義 6.1　$L^p$ ノルム**　ある実数 $p \geq 1$ に対し，測度空間 $(S, \mathcal{M}, \mu)$ 上の可測な実数値関数 $f$ について $|f|$ の $p$ 乗が可積分であるとき，

$$\|f\|_p = \left\{ \int_S |f(x)|^p\, \mu(dx) \right\}^{1/p}$$

と書いて，$\|f\|_p$ を $f$ の $L^p$ ノルムという．

さらに，以下のように $L^\infty$ ノルムも定義する．おおまかには関数の上限だが，測度論では "a.e." ("a.s.") の議論をするために，零集合を無視して考える方が自然である（通常の上限や上界の概念については 3.1 節参照）．

---

[1] ヤングの不等式の一般化である重みつき算術幾何平均不等式はいろいろな方法で証明できるが，のちにイェンセンの不等式の系として示す（定理 6.16）．

**定義 6.2 本質的上限と $L^\infty$ ノルム** 測度空間 $(S, \mathcal{M}, \mu)$ 上の実数値可測関数 $f$ について，実数 $a \in \mathbb{R}$ が $f$ の本質的上界であるとは，

$$\mu(\{x \in S : f(x) > a\}) = 0$$

となることである．さらに $f$ の本質的上界の下限を本質的上限といい，$\operatorname{ess\,sup} f$ と書く．つまり，

$$\operatorname{ess\,sup} f = \inf \{a \in \mathbb{R} : \mu(\{x \in S : f(x) > a\}) = 0\}.$$

ただし，上式右辺では $\inf \emptyset = \infty$ と約束しておく．また，

$$\|f\|_\infty = \operatorname{ess\,sup} |f|$$

と書いて，$f$ の $L^\infty$ ノルムという．

しばしば，$L^\infty$ ノルムを $L^p$ ノルムの $p = \infty$ の場合だと解釈する．その理由は，$1/1 + 1/\infty = 1 + 0 = 1$ とみれば，ヘルダーの不等式が $p = 1$, $q = \infty$ の場合にも成立することである．これは $L^\infty$ ノルムの定義 6.2 からただちにわかるが，重要な事実なので定理の形に述べ直しておく．

**定理 6.2 ヘルダーの不等式 2** 実数 $p, q \geq 1$ が関係式 $1/p + 1/q = 1$ を満たすとき（$p, q$ の一方が 1 のときは他方を $\infty$ と考える），測度空間 $(S, \mathcal{M}, \mu)$ 上で定義された可測な実数値関数 $f, g$ に対し，以下が成り立つ．

$$\|fg\|_1 \leq \|f\|_p \|g\|_q .$$

**証明** あと，$p = \infty$, $q = 1$ のときにだけ不等式を示せばよいが，$L^\infty$ ノルムの定義より，ほとんどいたるところ

$$|f(x)\, g(x)| \leq (\operatorname{ess\,sup} |f|)\, |g(x)|$$

だから，定理 2.4 より両辺積分すれば求める不等式が得られる．■

関数のなすベクトル空間について考えるための準備として，以下のミンコフスキーの不等式を示しておく．ヘルダーの不等式から簡単に証明できるので，証明も与えておこう．

**定理 6.3　ミンコフスキーの不等式**　$1 \leq p \leq \infty$ なる $p$ と測度空間 $(S, \mathcal{M}, \mu)$ 上の可測な実数値関数 $f, g$ に対し，以下の不等式が成立する．

$$\|f+g\|_p \leq \|f\|_p + \|g\|_p .$$

**証明**　$p = 1$ もしくは $p = \infty$ のときには定義よりただちに導かれるので，$1 < p < \infty$ のときを示す．また，$f + g$ がほとんどいたるところ 0 のときには自明に成立するので，この場合も除く．

$$\begin{aligned}\|f+g\|_p^p &= \int |f+g|^p \, d\mu \leq \int |f+g|^{p-1}(|f|+|g|) \, d\mu \\ &= \int |f| \cdot |f+g|^{p-1} \, d\mu + \int |g| \cdot |f+g|^{p-1} \, d\mu.\end{aligned}$$

ここで，$q = p/(p-1)$ とおくと $1/p + 1/q = 1$ となることに注意して，ヘルダーの不等式（定理 6.2）を上式右辺に用いると，

$$\leq \|f\|_p \|f+g\|_p^{p-1} + \|g\|_p \|f+g\|_p^{p-1} = (\|f\|_p + \|g\|_p) \frac{\|f+g\|_p^p}{\|f+g\|_p}.$$

ゆえに，$\|f+g\|_p \leq \|f\|_p + \|g\|_p$. ■

抽象的には，「ノルム」とはベクトル空間の元 $\mathbf{x}$ に実数 $\|\mathbf{x}\|$ を与える関数で，「大きさ」に対応するようなよい性質を持つものと定義される（定義 6.5）．実際，$p$ 乗が可積分な関数はベクトル空間をなし，$L^p$ ノルムは正しい意味で「ノルム」になっている（定理 6.5）．その前にまず，ベクトル空間を定義しよう．

ベクトル空間は任意の体 [2] を係数として定義できるが，簡単のため実数 $\mathbb{R}$ 上のベクトル空間についてだけ考える．

**定義 6.3　ベクトル空間**　（$\mathbb{R}$ 上の）ベクトル空間 $V$ とは，任意の $\mathbf{v} \in V$ と任意の $a \in \mathbb{R}$ に対しスカラー倍 $a\mathbf{v} \in V$ と，任意の $\mathbf{v}, \mathbf{w} \in V$ に対して和 $\mathbf{v} + \mathbf{w} \in V$ が定義されていて，これらの演算が以下の条件を満たすものである．

---

[2] 加法，減法，乗法，除法を備えた代数構造．典型例は，実数（体）$\mathbb{R}$，有理数（体）$\mathbb{Q}$，複素数（体）$\mathbb{C}$ など．厳密な定義は代数学の入門的教科書を参照のこと．

- 任意の $x \in V$ について $1\mathbf{v} = \mathbf{v}$.
- 任意の $a, b \in \mathbb{R}$ について $(a+b)\mathbf{v} = a\mathbf{v} + b\mathbf{v}$. また $a(b\mathbf{v}) = (ab)\mathbf{v}$.
- 任意の $\mathbf{v}, \mathbf{w} \in V$ と $a \in \mathbb{R}$ について $a(\mathbf{v}+\mathbf{w}) = a\mathbf{v} + a\mathbf{w}$.
- 零ベクトル $\mathbf{0} \in V$ が存在して，任意の $\mathbf{v} \in V$ について $\mathbf{v} + \mathbf{0} = \mathbf{v}$.
- 各 $\mathbf{v} \in V$ に対し，その逆元 $-\mathbf{v} \in V$ が存在して，$\mathbf{v} + (-\mathbf{v}) = \mathbf{0}$.
- 任意の $\mathbf{v}, \mathbf{w} \in V$ について $\mathbf{v} + \mathbf{w} = \mathbf{w} + \mathbf{v}$.
- 任意の $\mathbf{u}, \mathbf{v}, \mathbf{w} \in V$ について $(\mathbf{u}+\mathbf{v}) + \mathbf{w} = \mathbf{u} + (\mathbf{v}+\mathbf{w})$.

同じ定義域を持つ実数値の関数 $f, g$ と実数 $a$ について，

$$(af) : x \mapsto af(x), \quad (f+g) : x \mapsto f(x) + g(x) \tag{6.1}$$

のように対応させる関数としてスカラー倍 $af$ と和 $f+g$ を定めれば，関数全体が（実数体上の）ベクトル空間をなすことが容易に確かめられるが，$p$ 乗可積分な関数全体のなす空間もそれ自体でベクトル空間をなしている．以下に正確に定義と定理の形で述べる．

**定義 6.4　$L^p$ 空間**　測度空間 $(S, \mathcal{M}, \mu)$ 上で定義された実数値関数で，その $p$ 乗が可積分なもの，つまり $\|f\|_p < \infty$ を満たす $f$ 全体のなす集合を $L^p(S, \mathcal{M}, \mu)$ もしくは単に $L^p$ と書き，$L^p$ 空間と呼ぶ.

**定理 6.4**　$L^p$ 空間はベクトル空間である.

**証明**　上の式 (6.1) のようにスカラー倍と和を定める．このとき，$f \in L^p$ ならば，$af \in L^p$ は明らか．$f, g \in L^p$ のとき，つまり，$\|f\|_p < \infty$ かつ $\|g\|_p < \infty$ ならば，ミンコフスキーの不等式（定理 6.3）より

$$\|f+g\|_p \leq \|f\|_p + \|g\|_p < \infty$$

だから，$f + g \in L^p$ である．そのほかの条件は容易に確認できる． ■

$L^p$ 空間は以下のように，さらによい性質を持っている.

**定義 6.5　ノルムとノルム空間**　実数 $\mathbb{R}$ 上のベクトル空間 $V$ の各元 $\mathbf{v} \in V$ に対して，実数 $\|\mathbf{v}\|$ を定める対応が以下の条件を満たすとき，$\|\mathbf{v}\|$ を $\mathbf{v}$ のノルムという．また，ノルムを持つベクトル空間をノルム空間という．

- 任意の $\mathbf{v} \in V$ について $\|\mathbf{v}\| \geq 0$ であり，$\|\mathbf{v}\| = 0$ と $\mathbf{v} = \mathbf{0}$ とは同値.
- 任意の $a \in \mathbb{R}$ と $\mathbf{v} \in V$ について $\|a\mathbf{v}\| = |a|\|\mathbf{v}\|$.
- 任意の $\mathbf{v}, \mathbf{w} \in V$ について $\|\mathbf{v} + \mathbf{w}\| \leq \|\mathbf{v}\| + \|\mathbf{w}\|$.

この定義の最後の条件を，三角不等式という．その心は，「三角形の2辺の長さの和は，残りの1辺の長さより常に長い」という初等幾何学的な性質の一般化である．数学的には，ここでいう「長さ」，すなわち距離とは以下のような条件を満たすものである．

**定義 6.6　距離と距離空間**　集合 $X$ の任意の2元 $x, y \in X$ に対して，実数 $d(x, y)$ を定める対応が以下の条件を満たすとき，$d(x, y)$ を $x$ と $y$ の距離という．また，距離を持つ集合を距離空間という．

- 任意の $x, y \in X$ について $d(x, y) \geq 0$ であり，$d(x, y) = 0$ と $x = y$ とは同値.
- 任意の $x, y \in X$ について $d(x, y) = d(y, x)$.
- 任意の $x, y, z \in X$ について $d(x, z) \leq d(x, y) + d(y, z)$.

この最後の条件も三角不等式という．

ノルムの定義と距離の定義の類似性から想像されるように，2点間の距離 $d(\cdot, \cdot)$ はノルム $\|\cdot\|$ から，

$$d(\mathbf{v}, \mathbf{w}) = \|\mathbf{v} - \mathbf{w}\|$$

で自然に定めることができる．このような距離 $d(\cdot, \cdot)$ をノルムから自然に定義された距離という．

$L^p$ ノルムは定義 6.5 を満たす正しい意味でのノルムである．また，この $L^p$

空間はノルム空間であり，ノルムから自然に定義された距離によって，距離空間でもある．

ただし，1つ重要な注意がある．$L^p$ 空間は測度空間とその上の積分で定義されているので，ほとんどいたるところ一致する関数（確率変数の場合は，ほとんど確実に一致する確率変数）を区別しないことが自然である．つまり，測度空間 $(S, \mathcal{M}, \mu)$ 上の2つの実数値関数 $f, \tilde{f} \in L^p$ に関して，

$$\mu\left(\left\{x \in S : f(x) \neq \tilde{f}(x)\right\}\right) = 0$$

である場合に，$f$ と $\tilde{f}$ を「同一視」することが自然である．たとえば，

$$\|f\|_1 = \int_S |f(x)|\, \mu(dx) = 0$$

からいえることは，定理 2.5 でみたように $\mu(\{x \in S : f(x) \neq 0\}) = 0$, すなわち "a.e." に $f = 0$ であって，恒等的に $f = 0$（つまり任意の $x \in S$ について $f(x) = 0$）とは結論できない．

この扱い方には2つの流儀がある．第1の流儀は，本当には同一視しないで，$f = \tilde{f}$, a.e. のように，「ほとんどいたるところ」（もしくは「ほとんど確実に」）と断り，ときにはそれを省略することである．第2の流儀は，ほとんどいたるところ一致するという同値関係で関数たちを同値類に分ける方法である（同値関係，同値類については定理 1.7 の証明の脚注を参照）．どちらも一長一短であるが本書では前者の素朴な方法をとる．

以上の約束のもとで，つまり，$f = 0$ を $f = 0$, a.e. と解釈し，$f = g$ を $f = g$, a.e. と解釈することで，以下の定理がいえる．

**定理 6.5**　$L^p$ 空間は $L^p$ ノルムのもとでノルム空間であり，ノルムから自然に定義された距離のもとで距離空間である．

一般に，異なる $p \neq q$ について $L^p$ 空間と $L^q$ 空間との間に包含関係はないが，有限測度空間については以下が成り立つ．確率空間は有限測度空間であるから，この性質は確率論においてしばしば有用である．

**定理 6.6**　$(S, \mathcal{M}, \mu)$ が有限測度空間ならば，$1 \leq p \leq q \leq \infty$ に対し，$L^q(S) \subset L^p(S)$ である．

**証明**　$q=\infty$ のときはやさしいので省略．$p \leq q < \infty$ ならば，任意の $x \geq 0$ について $x^p \leq 1 + x^q$ であることに注意せよ．これよりただちに，

$$\int_S |f|^p d\mu \leq \int_S (1+|f|^q) d\mu = \mu(S) + \int_S |f|^q d\mu < \infty$$

がいえる．■

## 6.2　コーシー–シュワルツの不等式と内積

### 6.2.1　コーシー–シュワルツの不等式

最も重要な不等式は何かと解析学者に問えば，多くはコーシー–シュワルツの不等式だと答えるのではないか．

**定理 6.7　コーシー–シュワルツの不等式**　測度空間 $(S, \mathcal{M}, \mu)$ 上で定義された可測な実数値関数 $f, g$ に対し，$f^2, g^2$ がそれぞれ $\mu$-可積分であるとき，積 $fg$ も可積分であって，以下が成り立つ．

$$\int_S |f(x)g(x)|\ \mu(dx) \leq \sqrt{\int_S f(x)^2\,\mu(dx)}\sqrt{\int_S g(x)^2\,\mu(dx)}.$$

いうまでもなく，コーシー–シュワルツの不等式はヘルダーの不等式（定理6.1）で，特に $p=q=2$ のときに過ぎない．

しかし，コーシー–シュワルツの不等式には，以下でみるような幾何学的意味があり，実は「内積」の性質さえあれば成立する．

**定義 6.7　内積**　$\mathbb{R}$ 上のベクトル空間 $V$ において，$\mathbf{v}, \mathbf{w} \in V$ を $\langle \mathbf{v}, \mathbf{w} \rangle \in \mathbb{R}$ に対応させる写像が以下の性質を持つとき，この $\langle \cdot, \cdot \rangle$ を内積といい，内積を持つベクトル空間を（実）内積空間[3]という．

[3] 以下の内積の満たすべき条件は実数体上のベクトル空間であることを仮定している．複素数体 $\mathbb{C}$ 上のときには実数体 $\mathbb{R}$ 上の場合を含む形で，条件が一般化される．

1. 任意の $\mathbf{v} \in V$ について $\langle \mathbf{v}, \mathbf{v} \rangle \geq 0$ であり，$\langle \mathbf{v}, \mathbf{v} \rangle = 0$ と $\mathbf{v} = \mathbf{0}$ とは同値.
2. 任意の $\mathbf{v}, \mathbf{w} \in V$ について，$\langle \mathbf{v}, \mathbf{w} \rangle = \langle \mathbf{w}, \mathbf{v} \rangle$.
3. 任意の $a \in \mathbb{R}$ と任意の $\mathbf{v}, \mathbf{w} \in V$ について，$\langle a\mathbf{v}, \mathbf{w} \rangle = a\langle \mathbf{v}, \mathbf{w} \rangle$.
4. 任意の $\mathbf{u}, \mathbf{v}, \mathbf{w} \in V$ について，$\langle \mathbf{u}, \mathbf{v} + \mathbf{w} \rangle = \langle \mathbf{u}, \mathbf{v} \rangle + \langle \mathbf{u}, \mathbf{w} \rangle$.

この内積から，任意の $\mathbf{v} \in V$ に対し

$$\|\mathbf{v}\| = \langle \mathbf{v}, \mathbf{v} \rangle^{1/2}$$

と定めると，$\|\cdot\|$ がノルムになることは簡単に確認できる．内積空間において，このように定めたノルムを内積から自然に定義されるノルムという．

**演習問題 6.1**

内積から自然に定義されたノルムが三角不等式を満たすことと，以下のコーシー–シュワルツの不等式（定理 6.8）の関係を確認せよ．

ユークリッド空間 $\mathbb{R}^n$ の通常の内積はもちろん上の定義を満たしているし，これから自然に定義されたノルムと，このノルムから自然に定義された距離は，$\mathbb{R}^n$ における通常のユークリッドノルムとユークリッド距離である．

この一般的な内積とそれから自然に定義されるノルムについて，以下のコーシー–シュワルツの不等式が成り立つ．

**定理 6.8 コーシー–シュワルツの不等式（一般）** 実数上のベクトル空間 $V$ 上の内積 $\langle \cdot, \cdot \rangle$ に対し，任意の $\mathbf{u}, \mathbf{v} \in V$ について，

$$|\langle \mathbf{u}, \mathbf{v} \rangle| \leq \langle \mathbf{u}, \mathbf{u} \rangle^{1/2} \langle \mathbf{v}, \mathbf{v} \rangle^{1/2}$$

が成り立つ．内積から自然に定義されるノルム $\|\cdot\|$ を用いて書けば，

$$|\langle \mathbf{u}, \mathbf{v} \rangle| \leq \|\mathbf{u}\| \, \|\mathbf{v}\|$$

となる．

**証明**　任意の $\mathbf{u},\mathbf{v}\in V$ に対して，実数 $t$ に関する多項式 $p(t)$ を

$$p(t)=\langle \mathbf{u}+t\,\mathbf{v},\mathbf{u}+t\,\mathbf{v}\rangle = \langle \mathbf{u},\mathbf{u}\rangle + 2t\,\langle \mathbf{u},\mathbf{v}\rangle + t^2\,\langle \mathbf{v},\mathbf{v}\rangle$$

と定義する．内積の性質から，$p(t)$ は $\mathbf{u},\mathbf{v}$ にも $t$ にもよらず常に非負である．

もし $\langle \mathbf{v},\mathbf{v}\rangle=0$ ならば，$\mathbf{v}=\mathbf{0}$ だからすでに示すことはない．$\langle \mathbf{v},\mathbf{v}\rangle>0$ のとき，$p(t)$ は 2 次の係数が正の 2 次多項式であるから，$p(t)$ が常に非負であることより，その判別式は非正である．つまり，

$$(2\,\langle \mathbf{u},\mathbf{v}\rangle)^2-4\langle \mathbf{u},\mathbf{u}\rangle\,\langle \mathbf{v},\mathbf{v}\rangle\le 0.$$

すなわち，

$$|\langle \mathbf{u},\mathbf{v}\rangle|\le\langle \mathbf{u},\mathbf{u}\rangle^{1/2}\langle \mathbf{v},\mathbf{v}\rangle^{1/2}$$

が成立する．■

よって，コーシー–シュワルツの不等式は，抽象的な内積について常に成り立つ．この観点から，積分型のコーシー–シュワルツの不等式（定理 6.7）について振り返っておこう．

まず，任意の実数 $a,b\in\mathbb{R}$ について $(a+b)^2\le 2a^2+2b^2$ であるから，

$$\|f+g\|_2^2\le 2\|f\|_2^2+2\|g\|_2^2$$

となって，$f,g$ が 2 乗可積分なら $f+g$ も 2 乗可積分であり，$L^2$ 空間がベクトル空間であることがわかる [4]．

以下の定理はほとんど明らかだろう．

**定理 6.9　$L^2$ 空間の内積**　任意の $f,g\in L^2(S,\mathcal{M},\mu)$ に対し，

$$\langle f,g\rangle_{L^2}=\int_S f(x)g(x)\,\mu(dx)$$

のように定めると，この $\langle\cdot,\cdot\rangle_{L^2}$ は $L^2$ 空間における内積であり，すなわち $L^2$ は内積空間である．また，$L^2$ ノルム $\|\cdot\|_2$ はこの内積から自然に定義されるノルムである．

[4] ミンコフスキーの不等式からもいえるが，本書ではミンコフスキーの不等式をヘルダーの不等式（この場合，コーシー–シュワルツの不等式）から導いたのだった．

よって，内積 $\langle\cdot,\cdot\rangle_{L^2}$ での一般のコーシー–シュワルツの不等式（定理 6.8）より，積分型のコーシー–シュワルツの不等式（定理 6.7）がいえる．

### 6.2.2 $L^p$ 空間とバナッハ空間

前項までで，$p \geq 1$ について $L^p$ 空間がベクトル空間，ノルム空間，距離空間であること，$L^2$ 空間がさらに内積空間であることを確認した．

さらに，これらの空間は「完備性」という重要な性質を持つ．これまでにもみたように解析学においては，近似列の極限を用いて定義したり性質を示したりすることが，強力な手法になっている．そのためには，「よい」近似列の極限が考えている空間の中に存在する必要がある．おおまかにいえば，これが空間の性質として保証されていることが「完備性」である．

実数のコーシー列（定理 3.3）と同様に，ノルム空間や距離空間についてもコーシー列の概念を考えることができる．つまり，ノルム $\|\cdot\|$ を持つノルム空間 $V$ において，任意の $\varepsilon > 0$ に対してある $N \in \mathbb{N}$ が存在して $n, m > N$ ならば $\|v_n - v_m\| < \varepsilon$ となるような列 $v_1, v_2, \ldots \in V$ を $V$ のコーシー列という．

距離 $d(\cdot,\cdot)$ を持つ距離空間においても，上の $\|v_n - v_m\|$ を $d(v_n, v_m)$ に変えて，同じくコーシー列という．

このコーシー列を用いて以下のように「完備性」を定義する．

**定義 6.8　ノルム空間の完備性**　$V$ をノルム $\|\cdot\|$ を持つノルム空間とする．$V$ における任意のコーシー列 $\{v_n\}_{n\in\mathbb{N}}$ が常に収束するとき，つまり，$\lim_{n\to\infty} \|v^* - v_n\| = 0$ となる極限値 $v^* \in V$ を持つとき，$V$ は完備 [5] であるという．

最も基本的な例を挙げれば，定理 3.3 でみたように，実数全体 $\mathbb{R}$ は，（絶対値ノルム $|\cdot|$ について）完備である．つまり，実数のコーシー列は必ず実数に収束する．しかし，有理数全体 $\mathbb{Q}$ は（絶対値ノルムについて）完備ではない．たとえば，無理数 $\sqrt{2}$ を小数点以下第 $n$ 桁で打ち切った有理数 $q_n$ の列は明らかにコーシー列だが，有理数の中に極限を持たない．

通常，ノルム空間ではノルムから自然に定義された距離を考える．このよう

[5] 本書では，測度空間の完備性（定義 1.17）でも同じ「完備」(complete) の言葉を使っているが，慣習に従っておく．文脈から区別がつくので混乱はないだろう．

にノルムから自然に定義された距離について完備性を持つベクトル空間を，バナッハ空間という．

**定義 6.9　バナッハ空間**　（ノルムから自然に定義された距離を持つ）完備なノルム空間をバナッハ空間という．

$L^p$ 空間について最も重要な性質が以下の定理である．

**定理 6.10　$L^p$ 空間の完備性**　$1 \leq p \leq \infty$ について，$L^p$ 空間はバナッハ空間である．つまり，距離 $d(u,v) = \|u - v\|_p$ について，$\{u_n\}_{n \in \mathbb{N}}$ が $L^p$ 空間内のコーシー列ならば，$d(u^*, u_n) \to 0$ となる極限 $u^* \in L^p$ が存在する．

証明はやさしくないので省略するが[6)]，この性質は関数解析学の基礎になる重要な事実である．

このように，$L^p$ 空間はノルムと距離を持つベクトル空間であり，しかも収束と極限の議論が有効なよい空間であるが，特に扱いやすいのは $p = 2$ の場合である．

なぜなら，定理 6.9 でみたように $L^2$ 空間は距離に加えて内積の構造も持つので，（無限次元ではあるが）ユークリッド空間の直観が通じることが多いからである．さらにいえば，内積を持つということは，角度の概念を持つということに等しく，特に重要なこととして「直交」の概念を持つ．内積を持つバナッハ空間には以下のように特別な名前が与えられている．

**定義 6.10　ヒルベルト空間**　内積から自然に定義されたノルムと距離について完備な内積空間をヒルベルト空間という．

よって，もちろん以下が成り立つ．

6) 証明に興味のある読者は，たとえば伊藤清三 [2] を参照．

**定理 6.11** $L^2$ 空間はヒルベルト空間である.

$L^2$ 空間がヒルベルト空間であることの応用の1つとして，次項で条件つき期待値を別の方法で見直す.

### 6.2.3 直交射影としての条件つき期待値

この項では関数空間の1つの応用として，条件つき期待値を別の角度から見直してみる．先取りしていえば，条件つき期待値はヒルベルト空間における部分空間への直交射影とみることができ，情報の少ない（粗い）確率変数の中ではもとの確率変数に最も近いものという意味で，最もよい近似になっている.

まず，直交射影の概念を有限次元の場合から確認しておこう．$d$ 次元ユークリッド空間 $\mathbb{R}^d$ に通常のユークリッドノルムと内積が，2点 $x=(x_1,\ldots,x_d), y=(y_1,\ldots,y_d)$ に対し

$$\|x\| = \sqrt{x_1^2+\cdots+x_d^2}, \quad \langle x,y\rangle = x_1y_1+\cdots+x_dy_d$$

のように定義されているとする．そして2つのベクトル $x,y$ の間の角度 $\theta$ は,

$$\cos\theta = \frac{\langle x,y\rangle}{\|x\|\|y\|}$$

で定義する．$\langle x,y\rangle=0$ となる $x,y$ は（互いに）直交しているという.

いま，零ベクトルではない $x,y\in\mathbb{R}^d$ について，$x$ の $y$ への（直交）射影とは，$y$ に平行なベクトル $z$ であって，ベクトル $x-z$ が $y$ に直交しているものである．また，$y$ に平行なベクトルの中で最も距離が $x$ に近いものといってもよい（図 6.1）.

同様に，ベクトルへの射影を部分空間への射影に拡張できる．つまりベクトル $x$ の部分ベクトル空間 $U$ への射影とは，$U$ に含まれる $z\in U$ であって,

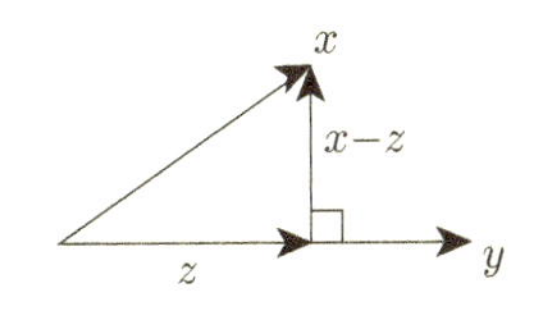


**図 6.1** ベクトルへの射影

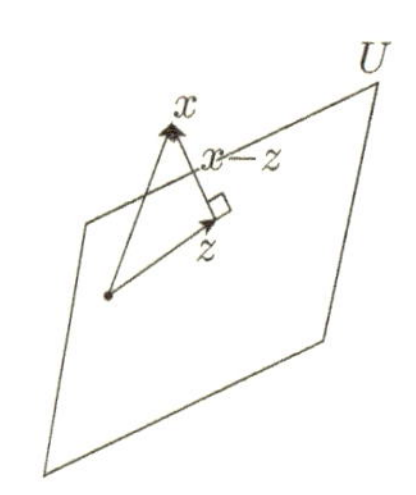


図 6.2　部分ベクトル空間への射影

$x-z$ が $U$ の任意のベクトルと直交しているものである．また，$U$ 内のベクトルの中で $x$ に最も距離が近いものといってもよい（図 6.2）．

ヒルベルト空間では距離と内積が定義されているから，以上のような概念をそのままに抽象化，一般化することができる．証明は省略するが，以下の定理の成立を期待するのは自然だろう．

**定理 6.12　ヒルベルト空間での直交射影の一意的存在**　$K$ をヒルベルト空間 $H$ の完備な部分空間とする．つまり，$K$ 自身ヒルベルト空間で，$K \subset H$ とする．このとき，各 $h \in H$ に対して，$h-z$ が任意の $k \in K$ と直交する（すなわち，$\langle h-z, k\rangle = 0$ となる）$z \in K$ が一意的に存在する．また，これは $K$ の要素の中で $x$ との距離，つまり $\|x-z\|$ が最小の $z \in K$ である．この $z$ を $h$ の部分空間 $K$ への（直交）射影といい，$z = \pi_K h$ と書く．

このヒルベルト空間での射影の考え方を使って，条件つき期待値を見直してみよう．確率空間 $(\Omega, \mathcal{F}, P)$ 上の確率変数，すなわち $\mathcal{F}$-可測な関数 $X$ 全体は，$\mathcal{F}$-可測関数の和やスカラー倍はやはり $\mathcal{F}$-可測なのでベクトル空間である．特に，$\|X\|_2 = \sqrt{E[|X|^2]} < \infty$ であるような確率変数は，確率空間 $(\Omega, \mathcal{F}, P)$ 上の $L^2$ 空間をなす．これを $L^2_{\mathcal{F}}$ と書こう．

一方，$\mathcal{G}$ を $\mathcal{F}$ の部分 $\sigma$-加法族として，確率空間 $(\Omega, \mathcal{G}, P)$ 上の $L^2$ 空間 $L^2_{\mathcal{G}}$ も考える．もちろん $\mathcal{G}$-可測な関数は $\mathcal{F}$-可測でもあるから，当然，$L^2_{\mathcal{G}}$ は $L^2_{\mathcal{F}}$ の部分空間であり，しかもどちらもヒルベルト空間である．よって，確率変数 $X \in L^2_{\mathcal{F}}$ の $L^2_{\mathcal{G}}$ への射影を考えることができ，上の定理より射影 $\tilde{X} = \pi_{L^2_{\mathcal{G}}} X$ が一意的に存在する．

この $\tilde{X}$ は射影であることより，任意の $Y \in L^2_{\mathcal{G}}$ が $X - \tilde{X}$ と直交している．すなわち，

$$\int Y(\omega)\left\{X(\omega) - \tilde{X}(\omega)\right\} P(d\omega) = 0$$

である．$Y$ として特に $\mathcal{G}$-可測集合 $G$ の定義関数 $\mathbf{1}_G(\omega)$ を考えれば十分だから，さらに，

$$\int \mathbf{1}_G(\omega)\left\{X(\omega) - \tilde{X}(\omega)\right\} P(d\omega) = \int \mathbf{1}_G X\, dP - \int \mathbf{1}_G \tilde{X}\, dP = 0$$

が成り立つ．つまり，任意の $G \in \mathcal{G}$ について

$$\int_G X(\omega)\, P(d\omega) = \int_G \tilde{X}(\omega) P(d\omega)$$

である．これは，$X$ の $L^2_{\mathcal{G}}$ への射影 $\tilde{X}$ が，任意の $\mathcal{G}$-可測集合 $G$ の上では $X$ と積分値が等しい $\mathcal{G}$-可測関数であること，つまり条件つき期待値 $E[X|\mathcal{G}]$ であることにほかならない．別のいい方をすれば，条件つき期待値とは情報が制限された部分空間 $L^2_{\mathcal{G}}$ に属する確率変数の中で，もとの確率変数 $X$ に「最も近い」ものであり，その意味で最もよい近似である．

しかし，射影はヒルベルト空間，つまり $L^2$ 空間においてのみ意味を持つことに注意せよ．条件つき期待値の定義は可積分な確率変数，つまり $L^1$ 空間の元についての主張だった．よって，$L^2$ 空間で定義した「条件つき期待値」を $L^1$ 空間に「拡張」する必要がある（定理 6.6 より $L^2 \subset L^1$）．この手続きはやさしくないが，幾何学的直観が明快で拡張の手続きも素直なため，条件つき期待値の定義方法としてしばしば採用される[7]．

## 6.3 イェンセンの不等式

不等式を生み出すからくりの 1 つに「凸性」がある．凸性は直観的には「図形がある方向にふくらんでいる」ことである．まず 6.3.1 項でこの性質を数学の言葉にしてから，関数の凸性を用いた積分型の不等式であるイェンセンの不等式を説明する．

### 6.3.1 凸関数

関数の凸性は非常に一般に定義できる概念で，それに応じてイェンセンの不等式も一般化されるが，本書では主に実数値関数（確率変数）の積分（期待値）

[7] ウィリアムズ [3] では，この手法でエレガントに条件つき期待値を定義している．

を扱うので，$\mathbb{R}$ 上の凸関数についてのみ考える．

**定義 6.11　凸関数**　区間 $I \subset \mathbb{R}$ 上で定義された実数値関数 $f : I \to \mathbb{R}$ について，任意の $x, y \in I$ と任意の $t \in [0,1]$ に対し，

$$f(tx + (1-t)y) \leq tf(x) + (1-t)f(y)$$

が成立しているとき，($I$ 上で) $f$ は凸（もしくは凸関数）であるという[8]．

$ta + (1-t)b$ は 2 点 $a, b$ の内分点だから，上式は「区間 $I$ 内の 2 点の内分点での関数値より，その 2 点の関数値の内分点の方が大きい」という主張である．つまり，関数のグラフが常にその弦の下部にあるため，関数のグラフが「下向きにふくらんでいる」ことの数学的表現である．

高等学校で学習した微分積分を思い出せば，以下の主張は自然だろう（証明は省略）．

**定理 6.13　凸性と微分**　開区間 $I \subset \mathbb{R}$ 上で定義された実数値関数 $f : I \to \mathbb{R}$ が各点 $x \in I$ で微分可能ならば，$f$ が凸であることと，その微分 $f'(x)$ が単調増加であることは同値．また，$f$ が 2 回微分可能ならば，$f$ が凸であることと，2 階微分 $f''(x)$ が非負であることは同値．

### 6.3.2　イェンセンの不等式

積分型の不等式の前に以下の離散的な場合をみておくと理解しやすい．

**定理 6.14　イェンセンの不等式（離散的な場合）**　区間 $I$ 上で定義された実数値関数 $f$ が凸ならば，$\sum_{i=1}^{n} p_i = 1$ であるような正の実数 $p_1, \ldots, p_n$ と，任意の $x_1, \ldots, x_n \in I$ について，以下の不等式が成り立つ．

$$f\left(\sum_{i=1}^{n} p_i x_i\right) \leq \sum_{i=1}^{n} p_i f(x_i).$$

---

[8] 同じことを特に「下に凸」や，「下に凸関数」という流儀もある．$-f$ が凸であるときは，凹/凹関数/上に凸/上に凸関数である，などともいう．英語では下に凸な関数を “convex”，上に凸な関数を “concave” ということが多い．

つまり，$f$ が凸ならば，点 $\{x_i\}$ たちの重心での $f$ の値よりも，$\{f(x_i)\}$ たちの重心の方が大きいという主張で，直観的にも当然成立することが期待されるし，以下のように簡単に証明できる．

**証明**

$$\sum_{i=1}^{n} p_i x_i = \sum_{i=1}^{n-1} p_i x_i + p_n x_n = (1-p_n)\sum_{i=1}^{n-1} \frac{p_i}{1-p_n} x_i + p_n x_n$$

と書き直して，$n=2$ のときの凸性（定義 6.11）を用いれば，

$$f\left(\sum_{i=1}^{n} p_i x_i\right) \le (1-p_n) f\left(\sum_{i=1}^{n-1} \frac{p_i}{1-p_n} x_i\right) + p_n f(x_n).$$

この右辺第 1 項の $f$ の中身に再び同じ議論を用いることができるから，これを帰納的に繰り返せばよい． ■

重心とは重みつきの平均値であり，$x_i$ が起きる確率が $p_i$ であるような確率分布での期待値だから，以下の定理が成立するのも自然だろう．もちろん，この定理は上の離散的な場合（定理 6.14）を含んでいる．

**定理 6.15　イェンセンの不等式**　区間 $I$ 上で定義された実数値関数 $f$ が凸であるとき，$I$ に値をとる確率変数 $X$ について，以下の不等式が成り立つ．

$$f(E[X]) \le E[f(X)].$$

これは，離散的な場合（定理 6.14）から極限の議論で示すこともできるが，別のアイデアも紹介しておこう．

まず，$f$ が凸であるとき，各点 $m \in I$ に対し，$(m, f(m))$ を通る直線 $y = a(x-m) + f(m)$ で $f$ のグラフの下部にあるものが存在することを示す．これは $f$ が微分可能なら $x = m$ での接線にほかならないし $(a = f'(m))$，微分できなくてもこのような傾き $a$ がとれることが示せる．

このとき，

$$a(X-m) + f(m) \le f(X)$$

となっている．この $m$ は $I$ 内の任意の点だから，特に $m = E[X]$ と選んで

もよい．すると，

$$a\,(X - E[X]) + f(E[X]) \le f(X).$$

この両辺の期待値をとれば，左辺第1項は0だから，

$$f(E[X]) \le E[f(X)]$$

となって求める不等式が示せた．つまりイェンセンの不等式は，「関数の凸性とはその関数を下から支える直線があること」といういい換えから自動的に導かれる．

イェンセンの不等式もさまざまなところで役に立つ．たとえば，ヘルダーの不等式（定理6.1）の証明で用いたヤングの不等式（重みつき算術幾何平均不等式）を以下のように簡単に示せる．

**定理 6.16　（重みつき）算術幾何平均不等式**　任意の正の実数 $a_1, \ldots, a_n$ と，$\sum_{i=1}^{n} p_i = 1$ であるような正の実数 $p_1, \ldots, p_n$ について，以下の不等式が成り立つ（つまり，幾何平均より算術平均の方が常に大きい．ヤングの不等式はこの $n = 2$ の場合）．

$$\prod_{i=1}^{n} {a_i}^{p_i} \le \sum_{i=1}^{n} p_i a_i.$$

**証明**　関数 $f(x) = \exp(x)$ は凸関数である．よって，離散的な場合のイェンセンの不等式（定理6.14）より，

$$\prod \exp(p_i x_i) = \exp\left(\sum p_i x_i\right) \le \sum p_i \exp(x_i).$$

ここで $x_i = \log a_i$ とおけばよい．■

もう1つの簡単な応用例として，カルバック–ライブラー情報量と呼ばれる量の非負性を意味する以下の不等式（ギブスの不等式）も挙げておく．

**定理 6.17　ギブスの不等式**　正の実数の組 $\{p_i\}_{i=1}^{n}$, $\{q_i\}_{i=1}^{n}$ が $\sum_{i=1}^{n} p_i = 1$ かつ $\sum_{i=1}^{n} q_i = 1$ であるとき（つまり，それぞれ離散的な確率分布であると

き)，不等式

$$\sum_{i=1}^{n} p_i \log \frac{p_i}{q_i} \geq 0$$

が成り立つ（この左辺を確率分布 $\{p_i\},\{q_i\}$ のカルバック–ライブラー情報量という．2 つの分布の「近さ」を測る量だが，距離の定義（定義 6.6）を満たさないので距離ではない）.

**証明** まず，$f(x) = x \log x$ は $0 < x < 1$ で凸関数であることに注意せよ[9].

$$\sum_{i=1}^{n} p_i \log \frac{p_i}{q_i} = \sum_{i=1}^{n} q_i \frac{p_i}{q_i} \log \frac{p_i}{q_i} = \sum_{i=1}^{n} q_i f\left(\frac{p_i}{q_i}\right)$$

だから，この右辺に離散的な場合のイェンセンの不等式（定理 6.14）を用いれば，$f(1) = 0$ より非負であることがわかる． ■

**演習問題 6.2**

区間 $0 < x < 1$ 上の関数 $f(x) = x \log x$ のグラフを描いて，その概形を確認せよ.

**演習問題 6.3**

上のカルバック–ライブラー情報量とギブスの不等式（定理 6.17）を，離散的なものには限らない確率測度にできるだけ拡張し，証明せよ.

**演習問題 6.4**

カルバック–ライブラー情報量は距離の定義（定義 6.6）の 3 つの条件のうち，どれを満たさないのか確認せよ.

---

9) 確率分布 $P = \{p_i\}_{i=1,\ldots,n}$ に対し，この $f(x)$ で $H(P) = -\sum_{i=1}^{n} f(p_i)$ と定義される量 $H(P)$ を確率分布 $P$ の平均情報量もしくはエントロピーという．カルバック–ライブラー情報量は 2 つの確率分布の「相対的な」エントロピーを表しているとも考えられる.

## 本章で導入された主な概念

- ヘルダーの不等式 (Hölder's inequality) ➡ **定理 6.1，定理 6.2**
- ミンコフスキーの不等式 (Minkowski's inequality) ➡ **定理 6.3**
- コーシー–シュワルツの不等式 (Cauchy-Schwarz inequality) ➡ **定理 6.7，定理 6.8**
- イェンセンの不等式 (Jensen's inequality) ➡ **定理 6.14，定理 6.15**

- ノルム (norm) ➡ **定義 6.5**
- 距離 (distance) ➡ **定義 6.6**
- 内積 (inner product) ➡ **定義 6.7**
- 完備 (complete) ➡ **定義 6.8**
- $L^p$ 空間 ($L^p$ space) ➡ **定義 6.4**
- バナッハ空間 (Banach space) ➡ **定義 6.9**
- ヒルベルト空間 (Hilbert space) ➡ **定義 6.10**

# 第7章

# 確率論の基本

理論的枠組みだけでいえば，確率論は有限測度の測度論でしかない．しかし，確率論独特の問題意識と概念をもって独自の発展をしている．この章では，そのような確率論独自の概念と成果の基本的部分を解説する．

## 7.1 確率論の基本的な道具

### 7.1.1 独立性

これまでの章でみてきたように，形式的にいえば，確率論とは有限測度の測度論にほかならない．しかし，確率論は確率論独特の問題意識を持ち，独自の数学分野として発展し，研究されている．この独特の問題意識を説明することは難しいが，多くの確率論の専門家が「確率論は測度論とどこが違うのか」という質問への答に，以下の独立性の概念を例に挙げるようである．

**定義 7.1　2 事象の独立性**　事象 $A, B$ が以下の関係を満たすとき，$A$ と $B$ は独立であるという．

$$P(A \cap B) = P(A)P(B). \tag{7.1}$$

2 つの事象が独立であるとは事象が互いに無関係なことである，としばしば説明されるが，より正確にいえば，上式 (7.1) が満たされるように関係していることである．以下に若干の例を挙げる．

**例 7.1　独立な 2 事象**　公平なサイコロ投げの確率空間を以下のように考える．

$$\Omega = \{1, 2, \ldots, 6\}, \quad \mathcal{F} = 2^{\Omega}, \quad P(\{k\}) = \frac{1}{6} \quad (k = 1, 2, \ldots, 6).$$

このとき，「2 以下の目が出る」という事象 $A = \{1, 2\}$ と「奇数の目が出る」という事象 $B = \{1, 3, 5\}$ は独立．実際，$A \cap B = \{1\}$ だから，

$$\frac{1}{6} = P(\{1\}) = P(\{1, 2\}) \cdot P(\{1, 3, 5\}) = \frac{1}{3} \times \frac{1}{2}$$

となって等式 (7.1) が成立している．

一方，「2 以下の目が出る」という事象 $A$ と「4 以上の目が出る」という事象 $C$ は，$A \cap C = \emptyset$ なので非交差的だが，$(1/3) \times (1/2) \neq 0$ だから独立ではない[1]．

**例 7.2　空事象と全事象**　空事象 $\emptyset$ は任意の事象と独立であり，全事象 $\Omega$ も任意の事象と独立である．実際，

$$P(\emptyset \cap A) = P(\emptyset) = 0 = P(\emptyset)P(A), \quad P(\Omega \cap A) = P(A) = P(\Omega)P(A)$$

となっている．

**演習問題 7.1**

事象 $A$ と $B$ が独立であるとき，事象による条件つき確率 $P(A \,|\, B)$ はどうなるか．

以下では，たかだか可算個の事象の独立性を定義し，さらに，$\sigma$-加法族の独立性と確率変数の独立性を順に定義する．

**定義 7.2　事象の独立性**　$n$ 個の事象 $A_1, A_2, \ldots, A_n$ について，任意の自然数 $k (2 \leq k \leq n)$ と任意の $1 \leq i_1 < i_2 < \cdots < i_k \leq n$ に対して以下の関係が成り立つとき，これらの事象は独立であるという．

$$P(A_{i_1} \cap A_{i_2} \cap \cdots \cap A_{i_k}) = P(A_{i_1})P(A_{i_2}) \cdots P(A_{i_k}). \tag{7.2}$$

また，可算個の事象列 $A_1, A_2, \ldots$ について，その任意の有限部分列が上の意味で独立ならば，これらの事象は独立であるという．

[1] 初学者は，「無関係である」という言葉から，共通部分のないことを独立と勘違いすることがある．しかし，「同時に起こらない」ことは強い関係である．

上の定義で，有限列の場合も無限列の場合も，任意の部分列について関係式 (7.2) の成立が要請されていることに注意せよ．任意の 2 つの事象が独立なだけでは十分ではない．

**演習問題 7.2**

3 つの事象で，どの 2 つも独立だが，3 つ全体では独立でない例を挙げよ．

次に事象の独立性から $\sigma$-加法族の独立性を導入する．

**定義 7.3 $\sigma$-加法族の独立性** ある $\sigma$-加法族の有限または可算無限個の部分 $\sigma$-加法族の列 $\mathcal{F}_1, \mathcal{F}_2, \ldots$ が独立であるとは，各 $\sigma$-加法族から任意に選んだ事象 $A_k \in \mathcal{F}_k \, (k = 1, 2, \ldots)$ の列 $A_1, A_2, \ldots$ が常に独立であること．

これを用いて，さらに確率変数の独立性を導入する．

**定義 7.4 確率変数の独立性** 同じ確率空間上で定義された確率変数の有限または可算個の確率変数の列 $X_1, X_2, \ldots$ が独立であるとは，各確率変数から生成された $\sigma$-加法族の列 $\sigma[X_1], \sigma[X_2], \ldots$ が独立であること．

この定義のいい換えに過ぎないが，確率変数 $X_1, \ldots, X_n$ が独立であることと以下が成り立つことは同値である．各 $X_k$ が値をとる可測空間を $(E_k, \mathcal{G}_k)$ として，任意の $A_k \in \mathcal{G}_k$ に対し，

$$P(\{X_1 \in A_1\} \cap \cdots \cap \{X_n \in A_n\}) = P(\{X_1 \in A_1\}) \cdots P(\{X_n \in A_n\})$$

が成り立つ．

独立性は単純な概念だが，確率論の動機から生まれた，確率論において重要な性質である．独立であることは，確率論的な考察対象を部品に分解してそれぞれ「独立に」扱えることを意味し，理論面でも応用面でも非常によい性質である．最もわかりやすく，かつ強力な性質としては，以下の期待値の分解がある．

**定理 7.1　独立な確率変数と期待値**　実数値の確率変数 $X_1, \ldots, X_n$ が独立であり，それぞれ期待値を持つならば，その積 $X_1 \cdots X_n$ も期待値を持ち，以下が成り立つ．

$$E\left[X_1 \cdots X_n\right] = E[X_1] \cdots E[X_n].$$

**証明**　$X_1, \ldots, X_n$ の独立性より，任意のボレル集合 $B_1, \ldots, B_n$ について，

$$P(\{X_1 \in B_1\} \cap \cdots \cap \{X_n \in B_n\}) = P(\{X_1 \in B_1\}) \cdots P(\{X_n \in B_n\}).$$

一方，$E[X_1 \cdots X_n]$ は直積測度空間 $(\Omega \times \cdots \times \Omega, \mathcal{F} \times \cdots \times \mathcal{F}, P \times \cdots \times P)$ 上で定義された確率変数 $X_1 \cdots X_n$ の期待値と考えられるから，上の独立性の関係から定理の主張はフビニの定理（定理 4.10）にほかならない．■

確率変数 $X_n$ と実関数 $f_n$ の合成 $f_n(X_n)$ が確率変数のとき（たとえば $f_n$ がボレル可測ならよい），各 $f_n(X_n)$ が期待値を持つならば，上の定理 7.1 よりただちに，

$$E\left[f_1(X_1) \cdots f_n(X_n)\right] = E[f_1(X_1)] \cdots E[f_n(X_n)] \tag{7.3}$$

が成り立つことに注意せよ．なぜならば，$X_1, \ldots, X_n$ が独立ならば，$f_1(X_1), \ldots, f_n(X_n)$ も独立であるから．

なお，上の定理の逆は一般には成立しない．つまり，$E[XY] = E[X]E[Y]$ や，ある関数 $f, g$ について $E[f(X)g(Y)] = E[f(X)]E[g(Y)]$ が成立していても，$X, Y$ が独立であるとは限らない．

### 7.1.2　分散とモーメント

すでに，2.2.3 項で積分と同時に定義したように，確率空間 $(\Omega, \mathcal{F}, P)$ 上の実数値確率変数 $X$ の期待値 $E[X]$ とは（存在するならば），

$$E[X] = \int_\Omega X(\omega)\, P(d\omega)$$

なのだった．期待値は離散的な場合からも想像されるように直観的には「平均」を意味し，確率変数の性質をおおまかにとらえる指標の 1 つである．そのような指標としては，ほかに分散やモーメントがある．

**定義 7.5 分散と標準偏差** 確率変数 $X$ の期待値が存在し，さらに以下の積分 $V[X]$ が存在するとき，$X$ は分散 $V[X]$ を持つという．また $V[X]$ を $X$ の分散という．

$$V[X] = E\left[(X-m)^2\right] = \int_{\Omega} \{X(\omega) - m\}^2 \; P(d\omega).$$

ここで $m$ は $X$ の期待値である $(m = E[X])$．また，分散の平方根 $\sqrt{V[X]}$ を $X$ の標準偏差という．

確率変数 $X$ が離散的な値 $x_i$ をとり，それぞれをとる確率が $p_i$ であるとき，上式は $X$ の期待値を $m$ として，

$$V[X] = \sum_i (x_i - m)^2 \, p_i$$

とも書けることに注意しておく．

上の定義からわかるように，分散とは確率変数の値がその期待値の周りにどのように広がっているかを示す指標である．分散が小さければ確率変数の値は期待値の周りに集まっており，逆に分散が大きければ期待値から遠い値が多くあると考えられる．ただし，分散は確率変数と期待値の差ではなく差の 2 乗の期待値だから，大きさの把握のためにその平方根である標準偏差も導入するのである．

期待値，分散の一般化として，以下のモーメントの概念がある．

**定義 7.6 モーメント** 確率変数 $X$ と自然数 $n \in \mathbb{N}$ について $|X|^n$ が期待値を持つとき，$E[X^n]$ を $X$ の $n$ 次モーメントという．また，このとき，$X$ は $n$ 次モーメントを持つ，という．

もちろん，期待値は 1 次モーメントであり，分散は期待値を差し引いた上での 2 次モーメントである．このように確率変数からその期待値を差し引いたもののモーメントを，中心化モーメントということがある．分散は 2 次の中心化モーメントである．

以下に分散の性質を定理の形にまとめておく．証明は省略するが，どれも定義よりやさしく導ける．

**定理 7.2　分散の性質**　確率空間 $(\Omega, \mathcal{F}, P)$ 上で定義された実数値確率変数 $X, Y, X_1, X_2, \ldots$ について以下が成り立つ．

- $X$ が分散を持つならば，常に $V[X] \geq 0$ である．また $V[X] = 0$ ならば，$X$ はほとんど確実に定数である．
- $X$ が分散を持つならば，任意の $a, b \in \mathbb{R}$ に対し，確率変数 $aX + b$ も分散を持ち，以下が成り立つ．

$$V[aX + b] = a^2 V[X].$$

- $X$ が分散を持つとき，$X$ は期待値と 2 次モーメントを持ち，以下が成り立つ．

$$V[X] = E[X^2] - E[X]^2.$$

- $X_1, X_2, \ldots, X_n$ が独立で，それぞれ分散を持つならば，$X_1 + \cdots + X_n$ も分散を持ち，以下が成り立つ．

$$V[X_1 + \cdots + X_n] = V[X_1] + \cdots + V[X_n].$$

上の定理の最後の性質は，期待値とは異なって，独立性を仮定しないと一般には成立しないことを注意しておく．

2 つの確率変数に対しては以下のように共分散の概念を考えることができ，2 つの確率変数の関係を定量化するのに便利である．

**定義 7.7　共分散と相関係数**　同じ確率空間上の確率変数 $X, Y$ に対し，

$$\mathrm{Cov}(X, Y) = E\left[(X - E[X])(Y - E[Y])\right] = E[XY] - E[X]E[Y]$$

で定義した積分が存在するとき，$\mathrm{Cov}(X, Y)$ を $X, Y$ の共分散という．さらに，$\mathrm{Cov}(X, X)$ と $\mathrm{Cov}(Y, Y)$，つまり $X, Y$ の分散が存在してどちらも 0 でないとき，

$$\rho(X, Y) = \frac{\mathrm{Cov}(X, Y)}{\sqrt{\mathrm{Cov}(X, X)\mathrm{Cov}(Y, Y)}} = \frac{\mathrm{Cov}(X, Y)}{\sqrt{V[X]V[Y]}}$$

で定義される $\rho(X, Y)$ を $X, Y$ の相関係数という．

定義から明らかなように，$X, Y$ が独立ならば共分散 $\mathrm{Cov}(X, Y)$ も相関係数 $\rho(X, Y)$ も 0 である．しかし，この逆は一般には成立しない．つまり，共分散や相関係数が 0 だからといって独立とは限らない．

**演習問題 7.3**
共分散は 0 だが独立ではない 2 つの確率変数の例を作れ．

### 7.1.3 確率分布と確率密度

一般に可測空間 $(S, \mathcal{M})$ に値をとる $(\Omega, \mathcal{F}, P)$ 上の確率変数 $X$ は，任意の $B \in \mathcal{M}$ に対し $P(X^{-1}(B)) = P(\{\omega \in \Omega : X(\omega) \in B\})$ の関係を通して確率と結びついているのだったが，これを $\mathcal{M}$ 上の集合関数とみて，以下の分布の概念を用意しておくと便利である．

**定義 7.8　確率分布，分布**　可測空間 $(S, \mathcal{M})$ に値をとる ($(\Omega, \mathcal{F}, P)$ 上の) 確率変数 $X : \Omega \to S$ に対し，

$$F_X(B) = P(\{\omega \in \Omega : X(\omega) \in B\})$$

で定義される関数 $F_X : \mathcal{M} \to [0, 1]$ を $X$ の確率分布，もしくは分布という．

確率分布によって，確率空間 $(\Omega, \mathcal{F}, P)$ 上の確率変数の研究を，値の空間の上で行えることがポイントである．実際，以下のように，確率変数 $X$ が値をとる空間 $(S, \mathcal{M})$ に $F_X$ を加えて確率空間になっている．これは値の空間の方がよい構造を持っているとき，たとえば実数 $\mathbb{R}$ や $\mathbb{R}^n$ であるとき，特に便利である．

**定理 7.3**　$(S, \mathcal{M}, F_X)$ は確率空間である．

**証明**　$F_X$ が確率測度であることを示せばよい．

任意の $B \in \mathcal{M}$ について，$F_X(B) = P(\{X(\omega) \in B\})$ だから $0 \le F_X(B) \le$

1 は明らか．特に $B=\emptyset$ とすれば $F_X(\emptyset)=0$ も明らか．

$n=1,2,\ldots$ に対し $B_n\in\mathcal{M}$ が非交差的であるとき，$\{X(\omega)\in B_n\}$ も非交差的であることに注意すれば，

$$F_X\left(\bigsqcup_{n=1}^{\infty}B_n\right)=P\left(\left\{X(\omega)\in\bigsqcup_{n=1}^{\infty}B_n\right\}\right)=P\left(\bigsqcup_{n=1}^{\infty}\{X(\omega)\in B_n\}\right)$$
$$=\sum_{n=1}^{\infty}P\left(\{X(\omega)\in B_n\}\right)=\sum_{n=1}^{\infty}F_X(B_n)$$

も成り立つ．■

以上より，期待値，すなわちルベーグ積分の定義に戻れば，たとえば以下が成立することはほぼ明らかだろう．実関数 $g$ について $g(X)$ が可積分ならば，

$$E[g(X)]=\int_{\Omega}g(X(\omega))\,dP(\omega)=\int_S g(x)\,dF_X(x).$$

特に確率変数 $X$ が実数値である場合には，以下の分布関数がよく用いられる．$\mathbb{R}$ には自然にボレル集合族が期待されていて，ボレル集合族は $(-\infty,x]$ の形の集合だけから生成できることに注意せよ．

**定義 7.9　分布関数（実確率変数の場合）**　実数値の確率変数 $X:\Omega\to\mathbb{R}$ に対し，

$$F_X(x)=P(\{\omega\in\Omega:X(\omega)\leq x\})$$

で定義される関数 $F_X:\mathbb{R}\to[0,1]$ を $X$ の分布関数，もしくは累積分布関数という．

確率変数が値をとる空間 $(S,\mathcal{M})$ がすでに自然な測度を持っているとき（たとえばルベーグ測度が考えられているとき），確率分布がその測度に対して絶対連続で密度を持つならば，さらに便利である．

**定義 7.10　確率密度**　確率変数 $X$ の確率分布 $F_X$ が，$X$ が値をとる測度空間の測度 $\mu$ に対して絶対連続ならば，そのラドン-ニコディム微分 $dF_X/d\mu$ を $X$ の（$\mu$ に対する）確率密度という．

値の空間にルベーグ測度が自然に仮定されている場合，以下のように，より簡便な確率密度関数を定義しておくと便利である．

**定義 7.11 確率密度関数** 実数値確率変数 $X$ の確率分布関数 $F_X$ が微分を持つとき，つまり，

$$F_X(y) = \int_{-\infty}^{y} f_X(x)dx$$

と書ける関数 $f_X(x)$ が存在するとき，$f_X$ を $X$ の確率密度関数という．

これによって確率変数の期待値が

$$E[g(X)] = \int_{\Omega} g(X(\omega))\, P(d\omega) = \int_{\mathbb{R}} g(x) f_X(x)\, dx$$

などと，おなじみの $\mathbb{R}$ 上の積分として計算できて便利である．

分布は確率変数を具体的に記述するものであるという文脈から，文献によっては，「分布」という言葉が分布関数や，さらには確率密度関数のことを指している場合もあることを注意しておく．

確率論の中で最も重要な確率分布は，おそらくガウス分布（正規分布）であろう．その重要性の核心は中心極限定理（7.2.3 項）にあるが，ここではその定義だけをまとめておく．

**定義 7.12 ガウス分布（正規分布）** 実数値の確率変数 $X$ の確率密度関数が，2 つのパラメータ $m \in \mathbb{R}$ と $\sigma > 0$ を持つ以下のような $g(x; m, \sigma^2)$ で与えられるとき，$X$ はガウス分布に従う，もしくは正規分布に従う，ガウス型確率変数である，などという．

$$g(x; m, \sigma^2) = \frac{1}{\sqrt{2\pi\sigma^2}} e^{-\frac{(x-m)^2}{2\sigma^2}}.$$

この $g(x; m, \sigma^2)$ をガウス密度関数という．特に，$m = 0, \sigma^2 = 1$ である場合には，標準ガウス分布または標準正規分布という．

すなわち，$X$ に関する確率が，

$$P(\{X(\omega) \leq y\}) = \int_{-\infty}^{y} \frac{1}{\sqrt{2\pi\sigma^2}} e^{-\frac{(x-m)^2}{2\sigma^2}}\, dx,$$

$$P(\{X(\omega) \in B\}) = \int_B \frac{1}{\sqrt{2\pi\sigma^2}} e^{-\frac{(x-m)^2}{2\sigma^2}}\, dx$$

のように計算できる.

上の定義が意味を持つためには，ガウス密度関数が確かに確率密度関数であること，すなわち，非負の値をとり，かつ，$\int_{-\infty}^{\infty} g(x; m, \sigma^2)dx = 1$ であることが保証されていなければならない. 以下の証明は，よく知られたトリックであるが，フビニの定理（定理 4.10）の面白い応用である.

**定理 7.4**　任意の $m \in \mathbb{R}$ と $\sigma > 0$ に対して,

$$\int_{-\infty}^{\infty} \frac{1}{\sqrt{2\pi\sigma^2}} e^{-\frac{(x-m)^2}{2\sigma^2}}\, dx = 1$$

が成り立つ.

**証明**　$\bar{x} = (x-m)/\sigma$ と変数変換すれば，標準ガウス分布の場合に帰着するので,

$$I = \int_{-\infty}^{\infty} e^{-\frac{x^2}{2}}\, dx = \sqrt{2\pi}$$

を示せばよい（以下の計算では，$\mathbb{R}^2$ 上の積分の変数変換とヤコビアンの性質は既知として用いる）.

$I^2 = 2\pi$ を示そう. まずフビニの定理より,

$$I^2 = \int_{-\infty}^{\infty} e^{-\frac{x^2}{2}}\, dx \int_{-\infty}^{\infty} e^{-\frac{y^2}{2}}\, dy = \int_{-\infty}^{\infty}\int_{-\infty}^{\infty} e^{-\frac{x^2+y^2}{2}}\, dx\, dy.$$

ここで変数変換 $x = r\cos\theta$, $y = r\sin\theta$ によって極座標 $(r, \theta)$ に書き直すと，この変数変換のヤコビアンは $r$ だから，再びフビニの定理より,

$$I^2 = \int_0^{\infty}\int_{-\pi}^{\pi} e^{-\frac{r^2}{2}} r\, dr\, d\theta = \int_{-\pi}^{\pi} d\theta \int_0^{\infty} r\, e^{-\frac{r^2}{2}}\, dr$$

$$= [\theta]_{-\pi}^{\pi} \left[-e^{-\frac{r^2}{2}}\right]_0^{\infty} = \{\pi - (-\pi)\}\{-0-(-1)\} = 2\pi. \blacksquare$$

**演習問題 7.4**

ガウス密度関数 $g(x; m, \sigma^2)$ を持つ確率変数 $X$ の期待値と分散が，それぞれ $m$ と $\sigma^2$（よって標準偏差は $\sigma$）であることを示せ.

多次元のガウス分布もよく用いられるので，定義だけ述べておく．

**定義 7.13 多次元ガウス分布（多次元正規分布）** $\mathbb{R}^d$ 値の確率変数 $X$ の（$d$ 次元ルベーグ測度に対する）確率密度が，ベクトル $\mathbf{m} \in \mathbb{R}^d$ と実正定値対称行列 [2] $\mathbf{\Sigma} = (\sigma_{ij})_{i,j=1,\ldots,d}$ をパラメータに持つ，以下のような $g(\mathbf{x}; \mathbf{m}, \mathbf{\Sigma})$ で与えられるとき，多次元ガウス分布に従う，もしくは多次元正規分布に従う，多次元のガウス型確率変数である，などという．また，この $g(\mathbf{x}; \mathbf{m}, \mathbf{\Sigma})$ を多次元ガウス密度関数という．

$$g(\mathbf{x}; \mathbf{m}, \mathbf{\Sigma}) = \frac{1}{\sqrt{(2\pi)^d \det(\mathbf{\Sigma})}} e^{-\frac{1}{2}(\mathbf{x}-\mathbf{m})^T \mathbf{\Sigma}^{-1}(\mathbf{x}-\mathbf{m})}.$$

ここで，ベクトルの右肩の $^T$ はその転置，det は行列式を表す記号である．

1 次元の場合から類推されるように，$\mathbf{m}$ が期待値（ベクトル）になり，$\mathbf{\Sigma}$ が共分散行列になることが，上の演習問題 7.4 と同様の計算から示せる．

### 7.1.4 結合分布と周辺分布

前項では 1 つの確率変数の分布や密度について考えたが，続いて 2 つの確率変数の関係を分布や密度を通じて調べる手段として，本項では結合分布（密度），周辺分布（密度）を考える．また，これらを通じて条件つき確率や条件つき期待値について新たな見方も与える．

$X$ と $Y$ を同じ確率空間 $(\Omega, \mathcal{F}, P)$ 上の実数値の確率変数とする．$X, Y$ を対にして 2 次元ベクトル $(X, Y)$ だと思えば，$(X, Y) : \Omega \to \mathbb{R}^2$ は $\mathbb{R}^2$-値をとる確率変数であると考えられる．実数値の確率変数のときと同様，$\mathbb{R}^2$ 上の $\sigma$-加法族としてボレル集合族 $\mathcal{B}(\mathbb{R}^2)$ を仮定する．

このとき $X, Y$ を一緒に考えた確率分布（密度）として，以下を定義する．

**定義 7.14 結合分布と結合密度** 確率変数 $X, Y$ と $B \in \mathcal{B}(\mathbb{R}^2)$ に対し，

$$P_{(X,Y)}(B) = P\left(\{\omega \in \Omega : (X(\omega), Y(\omega)) \in B\}\right)$$

で定義された $(\mathbb{R}^2, \mathcal{B}(\mathbb{R}^2))$ 上の確率測度 $P_{(X,Y)}$ を $X$ と $Y$ の結合分布と

[2] すなわち，要素が実数の $d \times d$ 対称行列で，零ベクトルでない任意の列ベクトル $\mathbf{z} \in \mathbb{R}^d$ に対して $\mathbf{z}^T \mathbf{\Sigma} \mathbf{z}$ が正．

いう．さらに，結合分布が $(\mathbb{R}^2, \mathcal{B}(\mathbb{R}^2))$ 上のルベーグ測度 $d(x,y)$ に対して確率密度を持ち，

$$P_{(X,Y)}(B) = \int_B f_{(X,Y)}(x,y)\,d(x,y)$$

のように書けるとき，この $f_{(X,Y)}$ を $X$ と $Y$ の結合密度という．

$X$ と $Y$ の結合分布が与えられれば，$X, Y$ それぞれの分布も以下のように計算できる．

**定義 7.15　周辺分布**　$X, Y$ の結合分布を $P_{(X,Y)}$ とするとき，$A \in \mathcal{B}(\mathbb{R})$ について

$$P_X(A) = P_{(X,Y)}(A \times \mathbb{R}), \quad P_Y(A) = P_{(X,Y)}(\mathbb{R} \times A)$$

で定義された $P_X$ を $X$ の，$P_Y$ を $Y$ の周辺分布という．

$X, Y$ の結合密度 $f_{(X,Y)}$ が存在するならば，$X, Y$ の各周辺分布が (ルベーグ測度に対する) 確率密度関数 $f_X, f_Y$ を持ち，それぞれ

$$f_X(x) = \int_{\mathbb{R}} f_{(X,Y)}(x,y)\,dy, \quad f_Y(y) = \int_{\mathbb{R}} f_{(X,Y)}(x,y)\,dx$$

と書けることはフビニの定理（定理 4.10）からすぐにわかる．ただし，この逆は必ずしも成立しない．つまり，周辺分布それぞれが密度を持っていても，結合分布が結合密度を持つとは限らない．なぜなら，各周辺分布からは，2 つの確率変数がどう関係しているかの情報が得られないからである．

この結合分布を用いて，独立性と条件つき確率の概念を振り返ってみよう．

確率変数 $X, Y$ が独立ならば，独立性の定義 7.4 より，$B_1, B_2 \in \mathcal{B}(\mathbb{R})$ の直積集合 $B = B_1 \times B_2 \in \mathcal{B}(\mathbb{R}^2)$ について，

$$\begin{aligned} P_{(X,Y)}(B_1 \times B_2) &= P(\{(X,Y) \in B_1 \times B_2\}) = P(\{X \in B_1\} \cap \{Y \in B_2\}) \\ &= P(\{X \in B_1\})P(\{Y \in B_2\}) = P_X(B_1)P_Y(B_2) \end{aligned}$$

であり，また逆に，$P_{(X,Y)} = P_X \times P_Y$ ならば，任意の $B_1, B_2 \in \mathcal{B}(\mathbb{R})$ について上式が成り立つから $X, Y$ は独立．定理の形にまとめると，

**定理 7.5 結合分布と独立性** 確率変数 $X, Y$ が独立であることと $P_{(X,Y)} = P_X \times P_Y$ は同値.

また, $X, Y$ の結合分布が密度を持つなら, 以下が成立することも簡単に確認できる.

**定理 7.6 結合密度と独立性** 確率変数 $X, Y$ が結合密度を持つとき, $X, Y$ が独立であることと, 任意の $x, y$ について $f_{(X,Y)}(x, y) = f_X(x) f_Y(y)$ が成立することは同値.

確率変数 $X, Y$ の結合分布は $X, Y$ の関係についての情報を持っているので, 条件つき確率や条件つき期待値についても結合分布を用いて表現できる. たとえば, $X$ がある値をとる条件のもとで $Y$ がある値をとる確率などである. この記述はベイズ推定などの応用面で特に重要になる.

確率変数 $X, Y$ の結合分布, 周辺分布などの記号は以上のものを踏襲する. このとき, 事象 $A, B \in \mathcal{B}(\mathbb{R})$ について, ($P(X \in A) > 0$ ならば) 条件つき確率 $P(\{Y \in B\} \mid \{X \in A\})$ は以下のように書ける. まず, 条件つき確率の初等的定義 5.1 より,

$$
\begin{aligned}
P(\{Y \in B\} \mid \{X \in A\}) &= \frac{P(\{Y \in B\} \cap \{X \in A\})}{P(X \in A)} \\
&= \frac{P_{(X,Y)}(A \times B)}{P_X(A)}.
\end{aligned}
$$

さらに密度を持つ場合には, 密度の定義とフビニの定理 (定理 4.10) より,

$$
\begin{aligned}
\text{上式右辺} &= \frac{\int_{A \times B} f_{(X,Y)}(x, y) d(x, y)}{\int_A f_X(x) dx} \\
&= \int_B \left\{ \frac{\int_A f_{(X,Y)}(x, y) dx}{\int_A f_X(x) dx} \right\} dy.
\end{aligned}
$$

この表現は事象 $\{X \in A\}$ に関する条件つき確率 $P(\cdot \mid X \in A)$ の「条件つき分布」が,

$$
f(y \mid X \in A) = \frac{\int_A f_{(X,Y)}(x, y) dx}{\int_A f_X(x) dx}
$$

という密度を持つことを意味している．この考察から，形式的に

$$P(Y \in B \,|\, X = x) = \int_B \left\{ \frac{f_{(X,Y)}(x,y)}{f_X(x)} \right\} dy = \int_B f(y \,|\, x)\, dy$$

と考えられるから，条件つき確率 $P(Y \in \cdot\, | X \in \cdot)$ の密度関数 $f(y \,|\, x)$ が

$$f(y \,|\, x) = \frac{f_{(X,Y)}(x,y)}{f_X(x)} \tag{7.4}$$

と与えられていることになる（初等的な条件つき確率の定義 5.1 との対応，および，この式自体は $f_X(x) \neq 0$ なら意味を持つことに注意せよ）．

この表記に従って，条件つき期待値を

$$E[\, Y \,|\, X = x] = \int_{\mathbb{R}} y f(y \,|\, x)\, dy$$

と定義すれば，これは $X(\omega)$ ごとに，つまり $\omega \in \Omega$ ごとに決まるから，確率変数とみなして $E[Y|X](\omega)$ と書く，という発想に導かれる．

実際，こうして条件つき分布の密度から定義した $E[Y|X]$ について，密度を用いて具体的に計算すれば，集合 $X^{-1}(B)$ について，

$$\begin{aligned}
\int_{X^{-1}(B)} E[Y|X]\, dP &= \int_{\Omega} \mathbf{1}_{X^{-1}(B)}(X(\omega)) \left\{ \int_{\mathbb{R}} y f(y|X(\omega))\, dy \right\} P(d\omega) \\
&= \int_{\mathbb{R}} \int_{\mathbb{R}} \mathbf{1}_B(x)\, y\, f(y|x)\, f_X(x)\, dxdy \\
&= \int_{\mathbb{R}} \int_{\mathbb{R}} \mathbf{1}_B(x)\, y\, f_{(X,Y)}(x,y)\, dxdy \\
&= \int_{\Omega} \mathbf{1}_{X^{-1}(B)}(\omega) Y(\omega)\, P(d\omega) = \int_{X^{-1}(B)} Y\, dP
\end{aligned}$$

が確認できる（条件つき分布密度の定義式が使われているところに注意）．

上の関係は，$E[Y|X]$ が確率変数 $X$ から生成される $\sigma$-加法族 $\sigma[X]$ に関する条件つき期待値 $E[Y|\sigma[X]]$ であることにほかならない．

**演習問題 7.5　密度関数についてのベイズの定理**

式 (7.4) から，条件つき確率の密度関数についての以下のベイズの定理を導け．

$$f(y \,|\, x) = \frac{f(x \,|\, y) f_Y(y)}{f_X(x)}. \tag{7.5}$$

### 7.1.5 ベイズ推定（コイン投げの推定）

前項でみた結合分布と演習問題 7.5 の応用として，ベイズ推定のアイデアを簡単な例で説明しておこう．

1 枚のコインを繰り返して投げてその結果をみることで，表が出る確率を推定したい．$N$ 回のコイン投げで表が出た回数を与える確率変数を $X$ とし，そのコインの表が出る確率を与える確率変数を $Y$ としよう．$Y$ は確率に値をとることに注意せよ．つまり，ある確率が実現する確率を問題にしている．

確率変数 $X, Y$ は同じ確率空間上で定義されていて，$X$ は表の出る回数だから 0 以上 $N$ 以下の整数に値をとり，$Y$ は確率であるから 0 以上 1 以下の実数に値をとる．

我々は $X$ の結果が与えられたときの $Y$ の条件つき確率に興味がある．つまり，その密度関数 $f(y\,|\,x)$ が知りたい．これを，上の演習問題 7.5 のベイズの定理

$$f(y\,|\,x) = \frac{f(x\,|\,y)f_Y(y)}{f_X(x)}$$

を利用して，この右辺で計算するのがベイズ推定のアイデアである．

コインの表が出る確率は未知なので，表が出る回数 $X$ の分布である $f_X(x)$ も未知なのだが，右辺の分子が既知と仮定できるならば，左辺が確率密度であることから，つまり変数 $y$ での積分値が 1 であることから定まる．

右辺の分子の $f(x\,|\,y)$ については，表が出る確率が $y$ であるときに $x$ 回表が出る確率（の密度）だから，いわゆる 2 項分布

$$f(x\,|\,y) = \frac{N!}{x!(N-x)!}\,y^x(1-y)^{N-x}, \quad (x = 0, 1, \ldots, N)$$

で書ける．ここで右辺の分数は 2 項係数，つまり $N$ 個から $x$ 個を取り出す組み合わせの数（記号 $N!$ は階乗，つまり 1 以上 $N$ 以下の自然数の積）．

問題は，式 (7.5) 右辺の分子を構成するもう 1 つの要素 $f_Y(y)$ である．これはコインの表が出る「確率の確率」の確率密度で，$f_X(x)$ と同様に未知のはずだが，事前に主観的な確率が与えられているものと考える．これを，ベイズ推定では $Y$ の「事前分布」という．

このコイン投げの問題については，事前分布として 2 つのパラメータ $\alpha, \beta > 0$ を持つ以下のベータ分布を仮定することが多い．

$$f_Y(y) = \frac{y^{\alpha-1}(1-y)^{\beta-1}}{B(\alpha,\beta)}, \quad (0 \le y \le 1).$$

ここで $B(\alpha,\beta)$ は $f_Y(y)$ の積分値が 1 になるような定数である．

ベータ分布を仮定する最大の理由は，このときベイズの定理で計算した結果が再びベータ分布になることである．つまり，事前分布と新しいコイン投げの結果に対し，事後分布が計算されるのだが，それがまた事前分布と同じ形になって，パラメータだけが変化する．ゆえに，この事後分布を次の事前分布として新しい実験結果に対し再び計算し直す，という更新の繰り返しの枠組みが，パラメータの発展としてうまく表現される．これはまことに都合がよい．

しかし，もちろん，数学的に都合がよいから適切な仮定だとはいえない．また，そもそも事前分布とは何であるのか，というところから，ベイズ推定の妥当性に関してはさまざまな議論がある．

**演習問題 7.6　サイコロ投げのベイズ推定とディリクレ分布**

あるサイコロを繰り返し投げることで，そのサイコロの確率分布（各目が出る確率）を推定したい．ディリクレ分布について調査してから，上のコイン投げのベイズ推定を参考に，その方法を考えよ．

### 7.1.6　特性関数

特性関数とは，確率変数 $X$ に対して定義される以下のような期待値 $\varphi_X$ のことであり，パラメータ $t \in \mathbb{R}$ に関する（複素数値の）関数である．

**定義 7.16　特性関数**　確率空間 $(\Omega, \mathcal{F}, P)$ 上で定義された実数値確率変数 $X : \Omega \to \mathbb{R}$ と実数 $t \in \mathbb{R}$ に対し，以下で定義される期待値 [3] を関数 $\varphi_X : \mathbb{R} \to \mathbb{C}$ とみて，確率変数 $X$ の特性関数という．

$$\varphi_X(t) = E\left[e^{itX}\right] = \int_\Omega e^{itX(\omega)}\,P(d\omega) \quad (i \text{ は虚数単位}).$$

確率測度は有限だから，任意の $t \in \mathbb{R}$ に対して被積分関数の有界性から定義の積分は存在し，したがって特性関数は常に存在することに注意せよ．

定義の積分の形からわかるように，これは確率空間上のフーリエ変換にほかな

[3] これは複素数値の確率変数の期待値なので本書では正式には定義していないが，実部と虚部に分けることで自然に定義できる．

らない．工学や自然科学のさまざまな分野でフーリエ変換が強力な道具になっていることから想像されるように，確率論においても特性関数は重要な役割を果たす．

実際，確率変数 $X$ が密度関数 $f_X$ を持つ場合には，

$$\varphi_X(t) = \int_{-\infty}^{\infty} e^{itx} f_X(x)\,dx$$

であって，まさに通常の意味での $f_X$ のフーリエ変換であるから，フーリエ変換の性質を用いて密度関数の研究ができることになる．密度関数が存在しない場合にも，同じように特性関数を通して確率分布を調べられる．

その典型的な例は 7.2.3 項でみる中心極限定理の証明だが，特に重要な関係を 2 つ挙げておく．まず，以下が成立するのは確率変数の独立性と期待値の性質から，ほとんど明らかである．

**定理 7.7** 同じ確率空間上で定義された有限個の実数値確率変数 $X_1, \ldots, X_n$ が独立ならば，次が成り立つ．任意の $t \in \mathbb{R}$ に対し，

$$\varphi_{X_1+\cdots+X_n}(t) = \varphi_{X_1}(t) \cdots \varphi_{X_n}(t).$$

**証明** 独立な確率変数と期待値に関する定理 7.1（とその後に述べた関係式 (7.3)）より，

$$\begin{aligned}\varphi_{X_1+\cdots+X_n}(t) &= E\left[e^{it(X_1+\cdots+X_n)}\right] = E\left[e^{itX_1} \cdots e^{itX_n}\right] \\ &= E\left[e^{itX_1}\right] \cdots E\left[e^{itX_n}\right] = \varphi_{X_1}(t) \cdots \varphi_{X_n}(t). \blacksquare\end{aligned}$$

証明は省略するが，以下が成立することはフーリエ変換（と逆フーリエ変換）の性質から自然だろう．

**定理 7.8** 同じ確率空間上で定義された実数値確率変数 $X, Y$ について，それぞれの特性関数が等しいならば，確率分布も等しい．

すなわち，特性関数と確率分布とは 1 対 1 に対応しているので，確率分布の代わりに特性関数を調べてもよい．特性関数は実数上定義された複素数値関数

としてよい性質を持つので，しばしば強力な解析手段になる．

### 7.1.7　確率変数のさまざまな収束

実数列の収束に対して，関数の列の収束には定義4.1でみた各点収束のほか，一様収束[4]などいろいろな概念がある．

関数が測度空間上で定義されている場合には，測度が付随してくるため，さらにいろいろな収束が考えられる．その1つは，すでに定義4.1でみた概収束である．確率論においては，特に確率（測度）の役割が重要であるから，以下のようなさまざまな収束を利用して議論を進めることがテクニックになっている．

**定義 7.17　確率収束**　確率空間 $(\Omega, \mathcal{F}, P)$ 上の実数値確率変数の列 $\{X_n\}_{n\in\mathbb{N}}$ が確率変数 $X$ に確率収束するとは，任意の $\varepsilon > 0$ に対して

$$\lim_{n\to\infty} P\left(\{\omega \in \Omega : |X_n(\omega) - X(\omega)| > \varepsilon\}\right) = 0$$

となることである．

確率収束と概収束とは異なる概念である．つまり，上の定義の中の条件式で lim と $P$ は一般には交換できない．実際，確率収束は概収束より「弱い」収束である．すなわち，概収束するならば確率収束するが，一般には確率収束しても概収束するとはいえない．

次の収束概念は $L^p$ 空間のノルムでの収束にほかならないが（6.2.2項参照），確率変数の言葉で再掲しておく．

**定義 7.18　$p$ 次平均収束**　$p \geq 1$ とする．確率空間 $(\Omega, \mathcal{F}, P)$ 上の実数値確率変数の列 $\{X_n\}_{n\in\mathbb{N}}$ が確率変数 $X$ に $p$ 次平均収束する（または $L^p$-収束する）とは，各 $X_n$ と $X$ が $L^p$ 空間に属し（つまり $p$ 乗可積分で），

$$\lim_{n\to\infty} E\left[|X_n - X|^p\right] = 0$$

が成り立つことである．

また，確率変数についてはその分布関数が考えられるから，分布関数の収束

[4] $f_n$ が $f$ に各点で収束する「速さ」，つまり $|f(x) - f_n(x)| < \varepsilon$ と評価するときの $\varepsilon$ が，各点 $x$ によらず一様にとれる場合をいう．

によって確率変数の収束とすることもできる.

**定義 7.19 法則収束** 実数値確率変数の列 $\{X_n\}_{n\in\mathbb{N}}$ が確率変数 $X$ に法則収束する（または分布収束する）とは，$X_n$ の分布関数 $F_n(x)$ が $X$ の分布関数 $F(x)$ に，$F$ のすべての連続点 $x \in \mathbb{R}$ で各点収束することである.

法則収束の定義では分布の収束しか要請されていないので，確率変数 $X_n$ や $X$ が同じ確率空間の上で定義されていなくてもよい．また，法則収束は以下の弱収束と同値なので，こちらを定義にすることもある.

**定義 7.20 弱収束** 確率空間 $(\Omega, \mathcal{F}, P)$ 上の実数値確率変数の列 $\{X_n\}_{n\in\mathbb{N}}$ が確率変数 $X$ に弱収束するとは，任意の有界連続関数 $f : \mathbb{R} \to \mathbb{R}$ について，

$$\lim_{n\to\infty} E\left[f(X_n)\right] = E\left[f(X)\right]$$

となることである.

確率変数の収束の間にはさまざまな関係があり，その理解と習熟は確率論研究者の修行の 1 つであるが，もちろん本書の意図するところではない．以下に，収束の間の基本的な強弱関係についてだけ，証明抜きでまとめておく．おおまかにいって，概収束と平均収束は強く，法則収束（弱収束，分布収束）が最も弱い.

**定理 7.9 確率変数列の収束の強弱** 確率変数列 $X_n$ の確率変数 $X$ へのそれぞれの収束概念の間に以下の関係がある.

- 概収束するならば，確率収束する.
- $p$ 次平均収束するならば，確率収束する.
- 確率収束するならば，法則収束（分布収束，弱収束）する.
- $p < q$ のとき，$q$ 次平均収束するならば，$p$ 次平均収束する.

**演習問題 7.7**

上の定理の各主張の証明を試みよ．その上で参考文献で調査せよ．

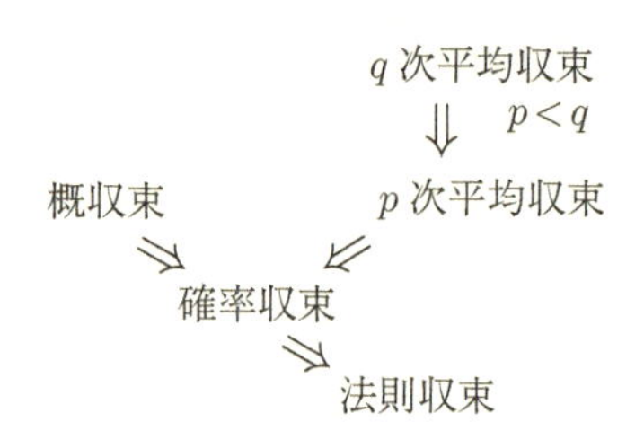


**図 7.1**　確率変数列の収束の強弱

## 7.2　確率論の基本的な補題と定理

この節では，確率論における一般的で基本的な成果である補題と定理をまとめる．これらはさまざまな場面で用いられる重要な道具であり，また理論的にも礎石になる結果である．

### 7.2.1　ボレル–カンテリの補題と 0-1 法則

確率論ではしばしば以下の形の事象に興味を持つ（1.1.1 項参照）．

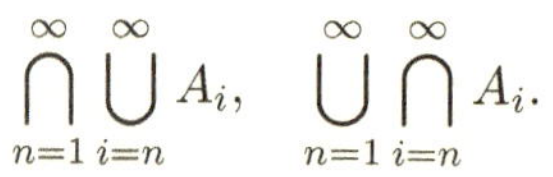

$$\bigcap_{n=1}^{\infty}\bigcup_{i=n}^{\infty} A_i, \quad \bigcup_{n=1}^{\infty}\bigcap_{i=n}^{\infty} A_i.$$

前者はすべての番号 $n$ について，そこから先のどこかの番号 $i$ で事象 $A_i$ が起きることなので，事象 $A_i$ が "infinitely often"（無限回）起きるという事象である．また，後者はどこかの番号 $n$ について，そこから先のすべての番号 $i$ で事象 $A_i$ が起きることであり，事象 $A_i$ が "eventually" には（いずれは）すべて起きるという事象である[5]．

以下のボレル–カンテリの補題はこれらの特別に興味深い事象に関する基本的な主張で，証明はやさしいが，さまざまなところで便利に用いられる．

---

5) そのため前者の事象を "i.o."，後者を "ev." と省略して書くことがある．

**定理 7.10 ボレル–カンテリの第 1 補題** 確率空間 $(\Omega, \mathcal{F}, P)$ 上の事象の列 $A_1, A_2, \ldots$ について，

$$\sum_{n=1}^{\infty} P(A_n) < \infty$$

ならば，

$$P\left(\bigcup_{n=1}^{\infty} \bigcap_{i=n}^{\infty} A_i^c\right) = 1$$

である．つまり，ほとんど確実に事象 $\{A_n\}$ はたかだか有限回しか起きない．

**証明** 測度の下方連続性（定理 1.3）と仮定から，

$$P\left(\bigcap_{n=1}^{\infty} \bigcup_{i=n}^{\infty} A_i\right) = \lim_{n\to\infty} P\left(\bigcup_{i=n}^{\infty} A_i\right) \leq \lim_{n\to\infty} \sum_{i=n}^{\infty} P(A_i) = 0.$$

ド・モルガンの法則（定理 1.2）より，結果が従う． ■

次の第 2 補題は，上とは逆に無限回起きる条件を示す．第 1 補題と異なって，独立性の仮定が必要なことに注意せよ．第 1 補題よりは少し面倒だが，独立性の仮定の使われ方を確認するため，証明を与える．

**定理 7.11 ボレル–カンテリの第 2 補題** 事象の列 $A_1, A_2, \ldots$ が独立であって，かつ，

$$\sum_{n=1}^{\infty} P(A_n) = \infty$$

ならば，

$$P\left(\bigcap_{n=1}^{\infty} \bigcup_{i=n}^{\infty} A_i\right) = 1$$

である．つまり，ほとんど確実に事象 $\{A_n\}$ は無限回起きる．

**証明** ド・モルガンの法則（定理 1.2）と測度の上方連続性（定理 1.3）より，

$$P\left(\bigcap_{n=1}^{\infty}\bigcup_{i=n}^{\infty}A_i\right)=1-P\left(\bigcup_{n=1}^{\infty}\bigcap_{i=n}^{\infty}A_i^c\right)=1-\lim_{n\to\infty}P\left(\bigcap_{i=n}^{\infty}A_i^c\right).$$

$\{A_n\}$ が独立だから，$\{A_n^c\}$ も独立であり，

$$P\left(\bigcap_{i=n}^{\infty}A_i^c\right)=\prod_{i=n}^{\infty}P\left(A_i^c\right).$$

ところで，$0<a_n\le 1$ である数列 $\{a_n\}$ について，$\prod_{n=1}^{\infty}a_n=0$ と $\sum_{n=1}^{\infty}(1-a_n)=\infty$ は同値であるから [6]，任意の $n$ について，

$$\sum_{i=n}^{\infty}P(A_i)=\sum_{i=n}^{\infty}\{1-P(A_i^c)\}=\infty$$

より，ただちに結果が従う．■

確率論の重要な結果には，上のボレル–カンテリの補題のように，ある事象の確率が 1 や 0 であることを主張するタイプのものが多い [7]．

以下の有名な「コルモゴロフの 0-1 法則」（定理 7.12）は，独立性の条件のもとで，「末尾事象」と呼ばれる種類の事象の確率が 0 か 1 の「どちらか」であることを主張する．まず，末尾事象を定義しよう．

**定義 7.21　末尾事象**　確率空間 $(\Omega,\mathcal{F},P)$ に対し，$\mathcal{F}$ の部分 $\sigma$-加法族の列 $\mathcal{F}_1,\mathcal{F}_2,\ldots$ を考え，

$$\mathcal{T}_n=\sigma\left(\bigcup_{j=n}^{\infty}\mathcal{F}_j\right),\quad \mathcal{T}=\bigcap_{n=1}^{\infty}\mathcal{T}_n$$

とおくとき（$\mathcal{T}_n$ は $n$ について単調減少，すなわち，$n\le m$ ならば $\mathcal{T}_n\supset\mathcal{T}_m$ であることに注意），この $\mathcal{T}$ を $\{\mathcal{F}_n\}_{n\in\mathbb{N}}$ の末尾 $\sigma$-加法族という．また，その要素 $T\in\mathcal{T}$ を末尾事象と呼ぶ．

末尾 $\sigma$-加法族の典型的な例は，各 $\sigma$-加法族が確率変数列から生成されているとき，つまり，確率変数列 $X_1,X_2,\ldots$ に対して $\mathcal{F}_n=\sigma[X_n]$ のときである．

---

6) $a_n=e^{b_n}$ とおいて，$0\le x\le 1$ のとき $-ex\le 1-e^x\le -x$ に注意せよ．

7) ある命題が成立することに比べ，その命題が「ほとんど確実に」成立することは，はるかに弱い主張である．前者の証明が極めて難しくても，後者の証明は容易な場合がある．

このとき,

$$T = \left\{\omega \in \Omega : \lim_{n\to\infty} X_n(\omega) \text{が存在する}\right\}$$

のような, $\{X_n\}$ の無限の彼方の性質で決まる事象は末尾事象である.

末尾事象について以下の定理が成り立つ. 証明については, そのスケッチだけを示す.

**定理 7.12 コルモゴロフの 0-1 法則** 確率空間 $(\Omega, \mathcal{F}, P)$ 上の部分 $\sigma$-加法族の列 $\{\mathcal{F}_n\}_{n\in\mathbb{N}}$ が独立ならば, その末尾事象の確率は 0 または 1 である.

**証明**

$$\mathcal{S}_n = \sigma\left(\bigcup_{j=1}^{n-1} \mathcal{F}_j\right)$$

とおいて, まず, この $\mathcal{S}_n$ が $\mathcal{T}_n$ と独立であることを示す. これから, $\mathcal{S}_n$ と末尾 $\sigma$-加法族 $\mathcal{T}$ が独立であることを示し, さらに, $\mathcal{S}_\infty$ と $\mathcal{T}$ もまた独立であることを示す.

しかし, $\mathcal{T} \subset \mathcal{S}_\infty$ だから $\mathcal{T}$ は $\mathcal{T}$ 自身と独立. よって, 任意の $T \in \mathcal{T}$ について,

$$P(T) = P(T \cap T) = P(T)P(T) = P(T)^2.$$

ゆえに, $P(T)$ は 0 か 1 のどちらかでなければならない. ■

このように, 0-1 法則は末尾事象 $T$ の確率が 0 か 1 のどちらかであることを, 独立性から $P(T)^2 = P(T)$ の関係を導いて示すので, その確率が 0 と 1 のどちらであるかについては何も主張しない. そして, やや意外なことに, これを決定するのはしばしば非常に難しい.

### 7.2.2 大数の法則

確率論の礎石をなす大きな結果を 2 つ挙げるならば, 「大数の法則」と「中心極限定理」だろう. この項では前者をとりあげ, そのメカニズムの理解を助けるため, 最もやさしい場合に証明を与える (後者については次項 (7.2.3 項)).

その証明には，以下のチェビシェフの不等式が本質的に用いられる．この不等式は，確率変数がその期待値からずれる確率を分散で評価するもので，確率変数のふるまいを調べる第一歩になる．

**定理 7.13　チェビシェフの不等式**　確率空間 $(\Omega, \mathcal{F}, P)$ 上の実数値確率変数 $X$ が分散を持つならば，任意の $\varepsilon > 0$ に対して以下が成り立つ．

$$P\left(\{\omega \in \Omega : |X(\omega) - E[X]| \geq \varepsilon\}\right) \leq \frac{V[X]}{\varepsilon^2}.$$

証明も以下のようにやさしい．チェビシェフの不等式は非常に粗い評価ではあるが，分散さえ存在すれば一般的に成立するため，特に理論的に重要である．

**証明**　任意の実数 $m$ と $\omega \in \Omega$ について，

$$\mathbf{1}_{\{|X-m| \geq \varepsilon\}}(\omega) \leq \frac{|X(\omega) - m|^2}{\varepsilon^2}$$

が成立していることに注意せよ．なぜなら，$|X(\omega) - m| < \varepsilon$ である $\omega$ については左辺は 0, 右辺は非負なので成立，それ以外の場合は左辺が 1, 右辺は分母より分子が大きいことより 1 以上なので成立．特に $m = E[X]$ として，この両辺の期待値をとれば，目的の不等式にほかならない．■

**演習問題 7.8　マルコフの不等式**

上の証明にならって，関係式

$$\mathbf{1}_{\{|X| \geq \varepsilon\}}(\omega) \leq \frac{|X|}{\varepsilon}$$

から，可積分な確率変数 $X$ と $\varepsilon > 0$ について成り立つ以下の不等式（マルコフの不等式）を示せ．

$$P\left(\{|X(\omega)| \geq \varepsilon\}\right) \leq \frac{E[|X|]}{\varepsilon}.$$

**演習問題 7.9　チェルノフ型の評価**

確率変数 $X$ と正の実数 $t > 0$ について，上のマルコフの不等式を $e^{tX}$ に適用して，$e^{tX}$ が可積分な $X$ と実数 $\lambda$ について成り立つ以下の不等式評価を導け[8].

$$P\left(\{X(\omega) \geq \lambda\}\right) \leq \frac{E[e^{tX}]}{e^{t\lambda}}.$$

チェビシェフの不等式（定理 7.13）から次の大数の弱法則がただちに証明できる．まず，大数の法則の枠組みについて簡単に述べておく．

確率空間 $(\Omega, \mathcal{F}, P)$ 上で定義された，独立で同じ分布を持つ確率変数の無限列 $X_1, X_2, \ldots$ を考えよう[9]．その算術平均が $X_i$ の期待値（同分布なので $E[X_1]$ に等しい）に収束する，つまり，

$$\lim_{n\to\infty} \frac{X_1 + \cdots + X_n}{n} = E[X_1]$$

というタイプの主張を「大数の法則」（“law of large numbers”; LLN と略されることがある）と呼ぶ．

7.1.7 項で述べたように確率変数の収束にはいろいろな概念があるから，収束の意味や，独立性や同分布の仮定の強弱などによって，さまざまなヴァリエーションがあるが，以下の大数の弱法則が基本的である．

**定理 7.14　大数の弱法則**　独立で同分布を持つ確率変数列 $\{X_n\}_{n\in\mathbb{N}}$ について，分散 $V[X_1]$ が存在するならば，任意の $\varepsilon > 0$ に対し，

$$\lim_{n\to\infty} P\left(\left\{\omega \in \Omega : \left|\frac{X_1 + X_2 + \cdots + X_n}{n} - E[X_1]\right| \geq \varepsilon\right\}\right) = 0$$

が成り立つ．つまり，確率収束の意味で大数の法則が成立する．

**証明**　チェビシェフの不等式（定理 7.13）と分散の性質（定理 7.2）より，

$$P\left(\left\{\left|\frac{X_1 + \cdots + X_n}{n} - E[X_1]\right| \geq \varepsilon\right\}\right) \leq \frac{1}{\varepsilon^2} V\left[\frac{X_1 + \cdots + X_n}{n}\right]$$
$$= \frac{V[X_1]}{n\varepsilon^2} \to 0, \quad (n \to \infty). \blacksquare$$

実際，独立で同分布を持つ確率変数列 $\{X_n\}_{n\in\mathbb{N}}$ について，期待値 $E[X_1]$ が

---

[8] 適当な条件のもとで，このタイプの評価を確率変数の和 $X = X_1 + \cdots + X_n$ に適用したものを，「チェルノフの限界」と呼ぶことが多い．

[9] 厳密にいえば，独立で同分布を持つ可算無限個の確率変数を同じ確率空間の上に構成できるのかという問題があるが，実際，$[0,1]$ 区間上に構成可能である．

存在するだけで，大数の法則が概収束の意味で成立することがわかっている（大数の強法則）．その証明は上の弱法則に比べてずっと難しい[10]．しかし，$X_1$ の4次モーメント $E[X_1^4]$ の存在を仮定すれば，比較的簡単に強法則を証明できる[11]．

大数の法則は，独立な試行を多く繰り返すとその結果の算術平均が期待値に近づく，という経験的法則のように述べられることがあるが，少なくとも確率論においては，測度論の枠組みで厳密に記述された数学的定理である．

**演習問題 7.10　モンテカルロ法による数値積分**

区間 $[0,1]$ 上で一様ランダムに点を次々に選び，$x_1, x_2, x_3, \ldots$ とする．このとき，$[0,1]$ 上の非負の連続関数 $f(x)$ について，$n \to \infty$ のとき，ある意味で，

$$\frac{f(x_1)+f(x_2)+\cdots+f(x_n)}{n} \to \int_0^1 f(x)dx$$

となることを，大数の法則（定理 7.14）によって定式化せよ．また，この収束は $n$ についてどれくらいの速さと考えられるか．

### 7.2.3　中心極限定理

大数の法則が確率変数の和 $X_1+\cdots+X_n$ を $n$ で割った確率変数の極限定理だったのに対して，中心極限定理はその期待値との差を $\sqrt{n}$ 倍した確率変数

$$\sqrt{n}\left(\frac{X_1+\cdots+X_n}{n}-E[X_1]\right)=\frac{X_1+\cdots+X_n-n\,E[X_1]}{\sqrt{n}}$$

の極限定理である．$n$ のオーダーでは期待値そのものに収束したが，$\sqrt{n}$ はそれより収束が遅いオーダーなので，より細かい情報を観察することになり，実際，ある分布を持つ確率変数に収束する．この極限分布が $X_1$ らの個別な分布に関わらずいつでも普遍的に正規分布（ガウス分布）になる，ということが中心極限定理の重大な主張である．

この普遍性や理論的，実際的な応用の広さと深さから，この定理は確率論の中心にある極限定理である，という意味で中心極限定理（“central limit theorem”;

---

10) 興味のある読者は，たとえば佐藤 [9] を参照のこと．
11) 興味のある読者は，たとえばツァピンスキ-コップ [15] を参照のこと．

CLT と略することがある）と名づけられた[12]．

中心極限定理にも設定や仮定する条件の強弱によっていろいろなヴァリエーションがあるが，その最も基本的な形として以下の定理を証明のあらすじとともに述べておく．

**定理 7.15 中心極限定理** 独立で同じ分布を持つ確率変数の列 $\{X_n\}_{n\in\mathbb{N}}$ について，分散 $V[X_1]$ が存在するとき，任意の実数 $a<b$ について以下が成り立つ．$m=E[X_1], \sigma^2=V[X_1]$ とおいて，

$$\lim_{n\to\infty} P\left(\left\{a \le \sum_{i=1}^{n} \frac{1}{\sqrt{n}} \frac{X_i - m}{\sigma} \le b\right\}\right) = \frac{1}{\sqrt{2\pi}} \int_a^b e^{-x^2/2} dx.$$

つまり，$\tilde{X_n}=(X_n-m)/\sigma$ と「正規化」すると，その和を $\sqrt{n}$ でスケーリングしたものは標準正規分布に従う確率変数に分布収束する．この証明には以下のように特性関数の性質を用いるのが標準的な手法である．おおまかには，確率変数のフーリエ変換の世界で収束を示して分布の収束を導くということだが，厳密な証明は面倒なのでそのスケッチだけ示す．

**証明** $\tilde{X_n}=(X_n-m)/\sigma$ は期待値 0, 分散 1 を持つ確率変数なので，最初から各 $X_n$ は期待値 0, 分散 1 と持つものとして，

$$P\left(\left\{a \le \frac{\sum_{i=1}^{n} X_i}{\sqrt{n}} \le b\right\}\right)$$

を調べれば十分．$Y_n=\sum_{j=1}^{n} X_j/\sqrt{n}$ の特性関数を計算する．独立性より（定理 7.7），

$$\varphi_{Y_n}(z) = \prod_{j=1}^{n} \varphi_{X_j/\sqrt{n}}(z) = \prod_{j=1}^{n} E\left[e^{izX_j/\sqrt{n}}\right].$$

ここで，$e^z$ のテイラー展開

$$e^z = 1 + z + \frac{1}{2}z^2 + o(z^2)$$

[12] この名前の初出は 1920 年出版の G. Pólya：*Mathematische Zeitschrift*, **8**, (3-4) であるとされている．ドイツ語の論文なので，正確には “zentraler Grenzwertsatz” という語が用いられた．

と，平均 $E[X_j]=0, V[X_j]=1$（よって $E[X_j^2]=1$）の仮定より，

$$\begin{aligned}\varphi_{Y_n}(z) &\sim \prod_{j=1}^{n} E\left[1+iz\frac{X_j}{\sqrt{n}}-\frac{z^2}{2}\frac{X_j^2}{n}\right]\\ &= \prod_{j=1}^{n}\left(1+iz\frac{E[X_j]}{\sqrt{n}}-\frac{z^2}{2}\frac{E[X_j^2]}{n}\right)=\prod_{j=1}^{n}\left(1-\frac{z^2}{2n}\right)\\ &\to e^{-z^2/2}\quad (n\to\infty).\end{aligned}$$

ここで，"$\sim$" は「適切な近似の意味で等しいとみなせる」という意味である．

ところが，$e^{-z^2/2}$ は標準正規分布に従う確率変数 $Z$ の特性関数なので，$Y_n$ の特性関数が $Z$ の特性関数に収束することが示された．このとき，確率変数列 $\{Y_n\}$ が $Z$ に分布収束することが一般的に示せる．■

## 本章で導入された主な概念

- 独立 (independent) ➡ **定義 7.1，定義 7.2，定義 7.3，定義 7.4**
- 分散 (variance) ➡ **定義 7.5**
- 共分散 (covariance) ➡ **定義 7.7**
- 相関係数 (correlation coefficient) ➡ **定義 7.7**

- 確率分布 (probability distribution) ➡ **定義 7.8，定義 7.9**
- 確率密度 (probability density) ➡ **定義 7.10，定義 7.11**
- 結合分布 (joint distribution) ➡ **定義 7.14**
- 周辺分布 (marginal distribution) ➡ **定義 7.15**
- 特性関数 (characteristic function) ➡ **定義 7.16**

- 確率収束 (convergence in probability) ➡ **定義 7.17**
- $p$ 次平均収束 (convergence in $p$-th mean) ➡ **定義 7.18**
- 法則収束 (convergence in law) ➡ **定義 7.19**
- 弱収束 (weak convergence) ➡ **定義 7.20**

- ボレル–カンテリの補題 (Borel-Cantelli's lemma) ➡ **定理 7.10，定理 7.11**

- コルモゴロフの 0-1 法則 (Kolmogorov's 0-1 law) ➡ **定理 7.12**
- 大数の法則 (law of large numbers) ➡ **定理 7.14**
- 中心極限定理 (central limit theorem) ➡ **定理 7.15**

# 演習問題のヒント・略解

## 第1章　確率と測度

### 演習問題 1.1

任意の $A \in 2^\Omega$ について $0 \leq \delta_{\omega_0}(A) \leq 1$ は明らか．また，$\omega_0 \notin \emptyset$ だから，$\delta_{\omega_0}(\emptyset) = 0$.

$A_1, A_2, \cdots \in 2^\Omega$ が非交差的なとき，$\omega_0$ はこのうちのどれか 1 つ $A_i$ の元であるか，またはどの元でもない．いずれにせよ，$\sigma$-加法性（定義 1.9 の 式 (1.1)）は，両辺 1 もしくは両辺 0 で成立.

### 演習問題 1.2

任意の $A \in 2^\Omega$ について $0 \leq P(A) \leq 1$ は明らか．また，$\omega_1, \omega_2 \notin \emptyset$ だから $P(\emptyset) = 0$.

$A_1, A_2, \cdots \in 2^\Omega$ が非交差的なとき，$\omega_0 \neq \omega_1$ は両方ともある $A_i$ に含まれるか，一方はある $A_i$ にもう一方は別の $A_j$ に含まれるか，一方だけがある $A_i$ に含まれるか，両方ともどれにも含まれないかのいずれかである．それぞれの場合に $\sigma$-加法性（定義 1.9 の 式 (1.1)）をチェック.

（発展問題：同じ可測空間上で定義されている 2 つの測度 $\mu$ と $\nu$ の和 $\mu + \nu : A \mapsto \mu(A) + \nu(A)$ は測度だろうか?）

### 演習問題 1.3

1 点だけからなる集合 $\{a\}$ のルベーグ測度 $l(\{a\})$ が 0 であることが示せれば，$[0, 1]$ 区間内の有理数はたかだか可算個だから，$\sigma$-加法性（定義 1.9 の 式 (1.1)）より結果が従う.

任意の $\varepsilon > 0$ について $\{a\} \subset [a, a + \varepsilon)$ だから，測度の単調性（定理 1.3 の 2）より，$0 \leq l(\{a\}) \leq l([a, a + \varepsilon)) = \varepsilon$. ゆえに，測度の下方連続性（定理 1.3 の 5）より，$l(\{a\}) = 0$.

## 第2章　積分と期待値

### 演習問題 2.1

ヒント：単関数 $f$ と $g$ をそれぞれ定義する 2 つの非交差的な集合の族をあわせて，1 つの非交差的な集合の族をつくる．重なっている集合を非交差的に分割する手続きを具体的に与えよ．

## 第4章　道具としての積分論：収束定理とフビニの定理

### 演習問題 4.1

ヒント：可積分でないことは単関数による近似を試みよ．$-x/(x^2+y^2)$ を $x$ で微分してみよ．

## 第6章　いろいろな不等式

### 演習問題 6.1

ヒント：内積から自然に定義されたノルムに関する三角不等式は内積で書くと，$\langle u+v, u+v\rangle^{1/2} \leq \langle u,u\rangle^{1/2} + \langle v,v\rangle^{1/2}$．両辺 2 乗して比較せよ．

### 演習問題 6.2

$x=1$ では，$f(1) = 1\log 1 = 0$．

$x=0$ では $\log x$ は $-\infty$ に発散しているが，ロピタルの定理を $(\log x)/(1/x)$ に適用すれば，$\lim_{x\to+0} x\log x = 0$ がわかる．

$(x\log x)' = \log x + x\frac{1}{x} = \log x + 1$ だから，グラフの傾きは $x < 1/e$ で負，$x > 1/e$ で正，また，$(x\log x)'' = (\log x + 1)' = 1/x > 0$ だから下に凸．

### 演習問題 6.3

ヒント：期待値版のイェンセンの不等式（定理 6.15）を用いる．

### 演習問題 6.4

ヒント：カルバック-ライブラー情報量の定義（定理 6.17）に対し，距離の定義（定義 6.6）の 3 つの性質を 1 つずつ確認する．

## 第7章　確率論の基本

### 演習問題 7.1

条件つき確率の定義 5.1 より $P(A\,|\,B) = P(A\cap B)/P(B)$ だが，いま

$A, B$ が独立なので独立の定義 7.1 より $P(A \cap B) = P(A)P(B)$ だから，$P(A \mid B) = P(A)$．つまり，独立な事象で条件づけしても確率は変わらない．

**演習問題 7.2**

このような問題は自分で試行錯誤した結果，閃きに至る，ということが大事であるが，どうしてもできなかった場合には，答を知ったあと，よくよくそれを吟味して，ああそうか，とその本質に気づくことが償いになる．そのためには自力で答に到達できなくても，十分に考え抜いておくことが必要である．

以下が簡潔な例の 1 つである．

公平なコインを 2 回続けて投げるとき，1 回目の結果が表である事象，2 回目の結果が表である事象，どちらか一方だけが表である事象を考えよ．この 3 つの事象の 2 つずつはどれも独立であるが，3 事象の共通部分は空集合である一方，それぞれの確率は正（実際，1/2）なので，3 事象全体では独立でない．

**演習問題 7.3**

この問題も上の **7.2** と同様，自分で考え抜くことが大事である．

以下が簡潔な例の 1 つである．

確率変数 $X$ は値 $-1, 0, 1$ をそれぞれ $1/3$ の確率でとるものとする．一方，確率変数 $Y$ は $Y = X^2$ とする．この $X, Y$ はもちろん独立ではない（$X$ の値から $Y$ の値が 1 つに決まってしまうので直観的には当然ではあるが，独立性の定義で確認せよ）．しかし，$E[X] = 0, E[XY] = E[X^3] = 0$ より 共分散は 0．

**演習問題 7.4**

ヒント：$X$ の期待値は密度関数を用いて

$$E[X] = \int_{-\infty}^{\infty} \frac{1}{\sqrt{2\pi\sigma^2}}\, x\, e^{-\frac{(x-m)^2}{2\sigma^2}}\, dx$$

と書ける．ここで $\bar{x} = x - m$ と変数変換．

分散 $V[X]$ については $V[X] = E[X^2] - E[X]^2 = E[X^2] - m^2$ だったから，

$$E[X^2] = \int_{-\infty}^{\infty} \frac{1}{\sqrt{2\pi\sigma^2}}\, x^2\, e^{-\frac{(x-m)^2}{2\sigma^2}}\, dx$$

が計算できればよい．以下のように被積分関数を 2 つに分けて部分積分．

$$x^2\, e^{-\frac{(x-m)^2}{2\sigma^2}} = x \cdot x e^{-\frac{(x-m)^2}{2\sigma^2}}.$$

**演習問題 7.5**

式 (7.4) と同様に $P(X \in \cdot | Y \in \cdot)$ の密度関数 $f(x\,|\,y)$ は $f(x\,|\,y) = f_{(X,Y)}(x,y)/f_Y(y)$ のように得られるから，これと 式 (7.4) から $f_{(X,Y)}(x,y)$ を消去.

**演習問題 7.6**

ヒント：6 次元の確率 $(p_1, p_2, \ldots, p_6), (p_1, p_2, \ldots, p_6 \geq 0,\ p_1 + p_2 + \cdots + p_6 = 1)$ 上の確率分布はディリクレ分布の特別な場合.

**演習問題 7.7**

4 つの関係の中には証明がかなり難しいものもあるが，一度自分で深く考えて，どうしてもわからない，となってから，はじめて文献にあたることが大事である．また文献の証明を鵜呑みにせず，各ステップごとに正しいかどうか確認すること（実際，専門的な教科書や文献には間違いが多いものである）.

なお，自力でこの 4 つすべてを正しく証明できた場合には，これから専門的な確率論を学ぶに十分な基礎体力があるものと自信を持ってよい.

**演習問題 7.8**

関係式 $\mathbf{1}_{\{|X| \geq \varepsilon\}}(\omega) \leq |X|/\varepsilon$ は，$|X(\omega)| \geq \varepsilon$ が成立している $\omega$ については左辺が 1 だから，$|X(\omega)| \geq \varepsilon$ そのものを意味しており，$|X(\omega)| < \varepsilon$ の場合は左辺が 0 で自明に成立している.

この両辺の期待値をとれば，マルコフの不等式が得られる（期待値による確率の表現については，期待値の定義 2.12 のあとのコメントを参照）.

**演習問題 7.9**

ヒント：$X \geq \lambda$ ならば $e^{tX} \geq e^{t\lambda}$.

**演習問題 7.10**

ヒント：$[0,1]$ 区間を $\Omega$, その上のボレル集合族を $\mathcal{B}$, ルベーグ測度を $l$ として，確率空間 $(\Omega, \mathcal{B}, l)$ を考える．この上の確率変数 $X : \Omega \to [0, \infty)$ を $X(\omega) = f(\omega)$ で定義し，大数の弱法則を適用.

# 参考文献

[1] 伊藤清（著），「確率論の基礎 [新版]」，岩波書店 (2004).

[2] 伊藤清三（著），「ルベーグ積分入門（数学選書 4)」，裳華房 (1963);「ルベーグ積分入門［新装版］（数学選書 4)」，裳華房 (2017).

[3] ウィリアムズ，D.（著），「マルチンゲールによる確率論」，赤堀次郎・原啓介・山田俊雄（訳），培風館 (2004).

[4] 梅垣壽春・大矢雅則・塚田真（著），「測度・積分・確率」，共立出版 (1987).

[5] キューネン，K.（著），「キューネン 数学基礎論講義」，藤田博司（訳），日本評論社 (2016).

[6] 小平邦彦（著），「[軽装版] 解析入門 I」，岩波書店 (2003).

[7] 小谷眞一（著），「測度と確率 1，2（岩波講座 現代数学の基礎 4, 5)」，岩波書店，(1997);「測度と確率」，岩波書店 (2005).

[8] コルモゴロフ，A.H.（著），「確率論の基礎概念［第二版]」，根本伸司（訳），東京図書 (1975);「確率論の基礎概念」，坂本實（訳），ちくま学芸文庫 (2010).

[9] 佐藤坦（著），「はじめての確率論 測度から確率へ」，共立出版 (1994).

[10] 志賀徳造（著），「ルベーグ積分から確率論（共立講座 21 世紀の数学 10)」，共立出版 (2000).

[11] 杉浦光夫（著），「解析入門 I（基礎数学 2)」，東京大学出版会 (1980).

[12] 砂田利一（著），「バナッハ・タルスキーのパラドックス（岩波科学ライブラリー 49)」，岩波書店 (1997);「新版 バナッハ・タルスキーのパラドックス（岩波科学ライブラリー 165)」，岩波書店 (2009).

[13] テレンス・タオ（著），「ルベーグ積分入門」，舟木直久（監訳），乙部厳己（訳），朝倉書店 (2016).

[14] 竹之内修（著），「ルベーグ積分（現代数学レクチャーズ B-7)」，培風館 (1980).

[15] ツァピンスキ，M. & コップ，E.（著），「測度と積分 入門から確率論へ」，二宮祥一・原啓介（訳），培風館 (2008).

[16] 細井勉（訳・著），「ルイス・キャロル解読　不思議の国の数学ばなし」，日本評論社 (2004).

[17] 吉田伸生（著），「ルベーグ積分入門　使うための理論と演習」，遊星社 (2006).

[18] 吉田洋一（著），「ルベグ積分入門（新数学シリーズ 23）」，培風館 (1965); 「ルベグ積分入門」，ちくま学芸文庫 (2015).

[19] Garling, D.J.H., "Inequalities – A journey into Linear Analysis", Cambridge University Press (2007).

[20] Steele, J.M., "The Cauchy-Schwarz Master Class – An Introduction to the Art of Mathematical Inequalities (MAA Problem Books Series)", Cambridge University Press (2004).

# 索 引

## 数字・欧文・記号



## あ行



## か行

## さ行

## た行



## な行



## は行

## ま行



## や行



## ら行



## わ行

## 著者紹介


原　啓介（はら　けいすけ）　博士（数理科学）

1991 年　東京大学教養学部基礎科学科第一卒業

1996 年　東京大学大学院数理科学研究科博士課程修了

立命館大学教授，株式会社 ACCESS 勤務などを経て

現　在　Mynd 株式会社取締役



NDC417　154p　21cm

---

**測度・確率・ルベーグ積分（そくど・かくりつ・ルベーグせきぶん）**

**応用への最短コース（おうようへのさいたんコース）**

2017 年 9 月 20 日　第 1 刷発行

2018 年 9 月 4 日　第 3 刷発行

著　者　原　啓介（はら　けいすけ）

発行者　渡瀬昌彦

発行所　株式会社　講談社

〒 112-8001　東京都文京区音羽 2-12-21

販売　(03)5395-4415

業務　(03)5395-3615

編　集　株式会社　講談社サイエンティフィク

代表　矢吹俊吉

〒 162-0825　東京都新宿区神楽坂 2-14　ノービィビル

編集　(03)3235-3701

本文データ制作　藤原印刷株式会社

カバー・表紙印刷　豊国印刷株式会社

本文印刷・製本　株式会社　講談社

---





ISBN 978-4-06-156571-5